5G/6G 安全领航

移动通信网安全体系与实践

谢懿 王悦 著

电子工业出版社
Publishing House of Electronics Industry
北京·BEIJING

内 容 简 介

本书介绍了国内外 5G 安全防护领域的相关法律法规、技术路线和标准；结合国内外 5G 安全防护体系化要求，提出了面向消费者（ToC）和面向行业（ToB）的 5G 安全防护新范式。在 ToC 领域，基于 5G 核心网的云化架构分析安全风险，介绍了 5G 业务系统安全、SDN/NFV 安全、云原生安全和内生安全防护体系。在 ToB 领域，基于 5G 专网典型场景和架构分析安全风险，介绍了下沉安全、专网安全和行业应用案例。本书还系统介绍了基础电信运营商网络安全防护体系和优秀案例，并对下一代移动通信网（6G）的网络目标与安全防护要求、安全架构与关键技术、内生安全防护体系进行了阐述，最后对移动通信网安全防护体系未来的发展趋势进行了展望。

本书有助于读者全面了解面向 5G/6G 移动通信网的安全防护技术、体系、实践、案例，是一本专业的科普图书。

未经许可，不得以任何方式复制或抄袭本书之部分或全部内容。
版权所有，侵权必究。

图书在版编目（CIP）数据

5G/6G 安全领航 ：移动通信网安全体系与实践 / 谢懿，王悦著. -- 北京 ：电子工业出版社，2024. 7.
ISBN 978-7-121-48314-1

Ⅰ. TN929.5

中国国家版本馆 CIP 数据核字第 2024MP7419 号

责任编辑：刘　皎
文字编辑：孙奇俏
印　　刷：中国电影出版社印刷厂
装　　订：中国电影出版社印刷厂
出版发行：电子工业出版社
　　　　　北京市海淀区万寿路 173 信箱　　邮编：100036
开　　本：720×1000　1/16　印张：13.5　字数：259.2 千字
版　　次：2024 年 7 月第 1 版
印　　次：2024 年 7 月第 1 次印刷
定　　价：89.00 元

凡所购买电子工业出版社图书有缺损问题，请向购买书店调换。若书店售缺，请与本社发行部联系，联系及邮购电话：（010）88254888，88258888。

质量投诉请发邮件至 zlts@phei.com.cn，盗版侵权举报请发邮件至 dbqq@phei.com.cn。
本书咨询联系方式：faq@phei.com.cn。

推荐序

探索 5G/6G 移动通信网安全新征程

在科技飞速发展的时代，5G 已如燎原之火，照亮了我们生活的各个角落，而 6G 则如破晓曙光，预示着未来的无限可能。《5G/6G 安全领航：移动通信网安全体系与实践》这本书，犹如一座桥梁，连接过去与未来，为我们展现了一幅关于移动通信网安全的宏伟画卷。

书中对 5G 国内外标准的梳理，带我们领略了全球 5G 发展的壮阔景象，了解了各国在技术竞争中的角力，让我们清晰地看到了全球在 5G 发展道路上的共同努力和探索。这些标准不仅是技术规范，更是保障 5G 安全的基石。

在 5G 核心网安全防护体系的探讨方面，本书通过剖析 5G 业务场景、云化架构及安全风险，详细阐述了由多种元素构成的安全防护体系，深入阐明了这一关键领域所面临的挑战与应对之策。对此，我们必须时刻警惕，确保核心网安全无虞。

在 5G 专网安全防护体系的研究方面，本书深入研究了 5G 专网的典型场景、架构和安全风险缝隙，并展示了完善的安全防护体系及实际的行业应用案例，为特定领域应用提供了可靠保障。专网安全关乎众多行业的发展，是 5G 应用的重要支撑。

本书在 5G 安全实践中的经验分享，呈现了基础电信运营商以多种手段构建的安全防护体系,以及一系列优秀实践案例和后续的技术演进方向,彰显了我国在网络安全领域的积极探索与不断创新,在实际应用中的智慧与成果,为整个行业树立了榜样。

6G安全引领我们探讨6G网络的目标、安全架构、关键技术,以及内生安全防护体系,激发了我们对6G安全的无限遐想,让我们提前感知6G安全的博大精深。

最后,本书分析了未来网络发展对安全的影响,同时描绘了安全领域的演进趋势与美好愿景。在探索未知世界的道路上,我们要未雨绸缪,为未来做好准备。

本书不仅是知识的汇集,更是对未来的期许,希望本书能为广大读者提供有益的启示。它将引导我们更加深入地思考移动通信网安全的重要性,激励我们不断前行,为构建安全可靠的通信环境贡献力量。让我们携手共进,一同开启这扇知识的大门,探索5G/6G移动通信网安全防护的奥秘,迎接未来网络安全的挑战与机遇。

中国工程院院士

前　言

回顾移动通信技术的发展历史，其基本遵循每十年一代的发展规律。移动通信网络的每一次变革都深刻地影响了我们的生活，极大地促进了社会的发展和进步。

进入 5G 时代，移动通信技术逐渐被应用于工业、能源、交通、金融等各个领域，对社会生活产生了巨大影响。5G 基于全新的架构，通过服务化、网络功能虚拟化、软件定义网络、网络切片、多接入边缘计算、云原生等技术，支持了增强型移动宽带通信、海量机器类通信和超可靠低时延通信等场景。这些场景极大增强了移动通信网络的能力，将人与人的通信延伸到了人与物的通信、物与物的通信场景，为人民生活、社会发展、技术创新和生产力提升奠定了坚实的网络基础。

随着 5G 在国计民生中发挥着越来越重要的作用，其安全性也受到越来越多的关注。伴随着 5G 标准的发布和商用网络的建设，全球范围内与 5G 安全相关的国家战略、法律法规、技术标准、学术研究和实践案例纷至沓来，大有千帆竞发、百舸争流之势。而将这些不同视角、立场、层次、目标和深度的内容进行体系化的整理和分析，亦是博观而约取的过程。

通过对主要机构、技术和应用场景的介绍，本书综合论述了国内外 5G 安全的形势，并以各国出台的 5G 安全政策为分界点，将 5G 安全投射到了上下两个半场。在上半场处于核心地位的是通信技术和规模应用；而到了下半场，焦点转移至网络安全和国家安全上。这种转变也给 5G 安全防护体系的建设和实践引入了新的变量。

本书通过介绍 5G 核心网与 5G 专网的架构、安全风险，系统性地展现了 5G 安全防护体系；结合中国移动网络安全优秀实践案例，阐明了基础电信运营商网络安全体系的目标愿景、规划原则、实现方案、演进方向及分阶段推进计划；在 5G 逐步成熟，稳步迈向 6G 的时间节点上，以 6G 网络目标和安全防护要求为出发点，前瞻性地提出从 5G 进阶到 6G 的安全架构和关键技术；分析未来网络发展所面临的安全挑战，并对移动通信网安全防护体系的未来发展趋势进行展望。在信息化高速发展的时代，移动通信网安全防护体系必将发挥更加基础、可靠、高效的作用。

未知攻，焉知防。网络安全的本质在于对抗，对抗的本质在于攻防两端的能力较量。本书旨在帮助读者以系统性的思维全面了解 5G/6G 移动通信网安全防护体系，并在优秀实践案例、5G 向 6G 演进趋势中收获对未来的展望。

最后，受限于笔者的能力，本书中难免存在疏漏，敬请各位读者批评指正。

目　录

第 1 章　5G 安全概述 ... 1
1.1　全球 5G 发展现状 ... 2
1.2　5G 安全焦点之争：5G 安全的下半场 ... 6
1.2.1　5G 安全的国内外之争 ... 6
1.2.2　5G 安全的 IT 安全与 CT 安全之争 ... 9
1.3　5G 安全标准 ... 14
1.3.1　国际标准 ... 16
1.3.2　国内标准 ... 19

第 2 章　5G 安全防护的"前世今生" ... 21
2.1　国际 5G 安全防护要求 ... 22
2.1.1　美国关键基础设施防护 ... 22
2.1.2　欧洲关键基础设施防护 ... 23
2.2　国内 5G 安全防护要求 ... 27
2.2.1　关键信息基础设施防护 ... 27
2.2.2　等级保护 2.0 标准 ... 28
2.3　5G 安全防护新范式：ToC+ToB ... 30

第 3 章　ToC：5G 核心网安全防护 ... 31

3.1　5G 核心网架构及安全风险分析 ... 32
3.1.1　5G 核心网业务场景 ... 32
3.1.2　5G 核心网云化架构 ... 32
3.1.3　5G 核心网安全风险分析 ... 46

3.2　5G 核心网安全防护体系 ... 59
3.2.1　5G 业务系统安全 ... 61
3.2.2　SDN/NFV 安全 ... 72
3.2.3　云原生安全 ... 80
3.2.4　内生安全 ... 84

第 4 章　ToB：5G 专网安全防护 ... 98

4.1　5G 专网架构及安全风险分析 ... 99
4.1.1　5G 专网典型应用场景 ... 99
4.1.2　5G 专网架构 ... 103
4.1.3　5G 专网安全风险分析 ... 105

4.2　5G 专网安全防护体系 ... 109
4.2.1　下沉安全 ... 109
4.2.2　专网安全 ... 127
4.2.3　行业应用案例 ... 131

第 5 章　基础电信运营商网络安全防护实践 ... 138

5.1　基础电信运营商网络安全防护体系 ... 139
5.2　基础电信运营商网络安全防护体系建设 ... 139
5.2.1　总体目标及规划原则 ... 139
5.2.2　整体规划 ... 141
5.2.3　新一代网络安全态势感知与防护处置平台 ... 142
5.2.4　基础平台 ... 143
5.2.5　基础安全防护设备和内生安全功能 ... 147

5.3　中国移动网络安全优秀实践案例 ... 148

5.3.1　全力构建 7×24 小时实时监测响应体系 148
　　　5.3.2　注智赋能外放大网安全服务核心能力 148
　　　5.3.3　自主创新深耕高级威胁防护核心技术 149
　　　5.3.4　知守善攻培养高新网络安全人才队伍 149
　5.4　基础电信运营商网络安全防护体系演进方向 150
　　　5.4.1　演进方向概述 150
　　　5.4.2　分阶段推进计划 153

第 6 章　进阶：6G 安全 155
　6.1　6G 网络目标与安全防护要求 156
　　　6.1.1　6G 网络目标 157
　　　6.1.2　6G 安全防护要求 160
　6.2　6G 安全架构与关键技术 163
　6.3　6G 内生安全防护体系 169
　　　6.3.1　设施层 170
　　　6.3.2　网元层 171
　　　6.3.3　网络层 172
　　　6.3.4　业务应用层 175
　　　6.3.5　安全管理层 175

第 7 章　诗和远方：未来趋势及展望 178
　7.1　未来网络发展对安全的挑战 179
　7.2　安全发展趋势及展望 182

附录 A　国际组织定义的 5G 安全相关标准 183
　A.1　3GPP 184
　A.2　GSMA 186
　A.3　ETSI 190
　A.4　ITU-T 192

  A.5 ENISA 196
  A.6 NIST 199

附录 B 国内组织定义的 5G 安全相关标准 201
  B.1 等级保护 202
  B.2 关键信息基础设施防护 203
  B.3 信息系统密码应用基本要求 203
  B.4 TC485 和 CCSA 发布的 5G 安全相关标准 204
  B.5 TC260 发布的 5G 安全相关标准 205

第 1 章

5G 安全概述

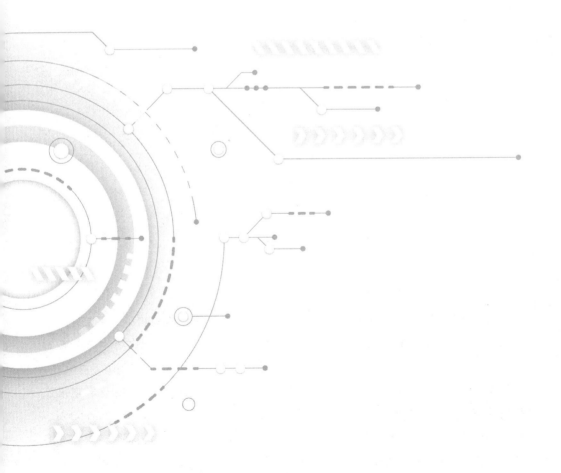

1.1 全球 5G 发展现状

5G，全称为第五代移动通信技术，相比于之前的 4G 更为先进。在 5G 出现之前，4G 因为高速、安全等特性，极大程度上引领了移动互联网的发展，人们称"4G 改变生活"。如图 1-1 所示，相比于 4G 网络，5G 在许多方面有了巨大的提高，如峰值速率达到了 10Gbps，用户体验速率达到了 100Mbps，空口时延缩短到了 1ms，频谱效率、容量密度等方面也都有了显著的提高。凭借着这样的优势，5G 将有能力支撑起一个"万物互联"的时代，推进各行各业的数字化进程，引发行业的生产力变革。因此，人们称"5G 改变社会"。

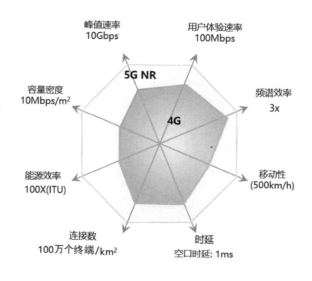

图 1-1　5G 与 4G 比较

美国国防部报告《5G 生态系统：对美国国防部的风险与机遇》（THE 5G ECOSYSTEM: RISKS & OPPORTUNITIES FOR DOD）指出，历次移动通信技术的换代都会给头部国家在经济、就业、技术创新等方面带来巨大的收益。先发国家设立标准、进行实践，而后续国家只能跟随。在 4G 时代，美国运营商 AT&T 及 Verizon 紧跟芬兰运营商快速实现 4G 商用，手机的发展极大地推动了 Apple、Google、Facebook、Amazon 等众多公司研发创新应用以提供移动互联服务。因此，为了获得 5G 先发优势，5G 技术也成为全球各国发展的重点。在 5G 技术问世后的几年内，全球主要市场便陆续完成了 5G 商用发布。

2019 年 4 月，日本 DoCoMo、KDDI、软银，韩国 SKT、KT、LGU+，美国 Verizon 发布了 5G 商用服务。其中，韩国是全球首个 5G 商用国家，目前用户数已超过 3060 万，占移动用户总数的 38%。根据 Omdia 的预测，2024 年韩国 5G 用户数将超过 4G 用户数。日本则于 2022 年实现了 5G 网络全国覆盖。2019 年 5 月，北美 Sprint 发布商用服务。2019 年 6 月，英国、意大利、西班牙 vodofone，阿联酋 Etisalat，科威特 VIVA、Zain、Ooredoo，菲律宾 Globe 发布了 5G 商用服务，其中科威特 Zain 在 2021 年的报告中指出，其 5G 流量占比已超过 40%。2020 年 5 月，南非 Vodacom 在约翰内斯堡、普勒托利亚和开普敦启用了 5G 商用服务。据全球移动供应商协会（GSA）统计，截止到 2023 年 10 月，全球已有约 30 个国家实现了 5G 商用。

与各国争先恐后发放 5G 商用牌照相呼应，各国政府对 5G 技术的发展也进行了大力扶持。韩国政府先后在 2013 年和 2019 年发布了《5G 移动通信先导战略》和《实现创新增长的 5G+战略》，希望 5G 发展能成为韩国经济增长的全新引擎。美国政府于 2020 年发布《保护 5G 安全国家战略》，提出了"美国要与最紧密的合作伙伴和盟友共同领导全球各地安全可靠的 5G 通信基础设施的开发、部署和管理"的战略愿景。欧盟于 2019 年启动基础设施试验和验证项目，目标是建立泛欧验证平台、端到端测试平台及 5G 展示系统。日本政府于 2018—2019 年期间支持了 40 余项 5G 应用综合试验项目，涉及娱乐、灾防、旅游、医疗、农业、交通等领域。

我国也将 5G 技术的落地摆在了战略发展地位。2019 年 6 月 6 日，工业和信息化部正式发放 5G 商用牌照，我国迎来了 5G 时代。2020 年 3 月，工业和信息化部印发《关于推动 5G 加快发展的通知》，要求全力加快 5G 网络建设部署、丰富应用场景、加大 5G 技术研发力度、着力构建 5G 安全保障体系。同月，国务院国有资产监督管理委员会明确提出以 5G 基建为首的七大"新基建"的政策，加快推动 5G 成为人工智能、大数据中心等其他新基建领域的信息连接平台，这项内容也于 2020 年全国两会期间被写入政府工作报告。2021 年年底，我国先后发布《"十四五"国家信息化规划》《"十四五"数字经济发展规划》，强调推动 5G 应用规模化发展，拓展 5G 应用的广度和深度。2022 年，工业和信息化部联合国家卫生健康委员会、教育部、国家能源局印发了《关于公布 5G+医疗健康应用试点项目的通知》《关于组织开展"5G+智慧教育"应用试点项目申报工作的通知》《关于征集能源领域 5G 应用优秀案例的通知》，推动了 5G 在智慧医疗、智慧教育、智能制造等方面的应用进程。启动商用几年以来，随着政策环境持续优化、产业各方齐力推动，5G 发展驶入快车道，在网络建设、技术标准、产业发展、应用创新等方面取得了积极成效，为 5G 赋能工业互联网、带动社会经济高质量发展提供了有力的保障和坚强的支撑。截至 2023 年 11 月，我国累计建成 5G 基站 328.2 万个，拥有全球最大的 5G 网络，同时 5G 手机用户数占全球用户总数的 50%以上，5G 渗透率仅次于韩国和美国。

除了国家政策的大力扶持，各行各业也主动投入 5G 数字化转型的浪潮。如图 1-2 所示，5G 已经在增强型移动互联网、海量连接物联网、超低时延高可靠通信领域有了卓越成效，具体包括 3D 视频、增强现实、智慧城市、智能家居、自动驾驶等。

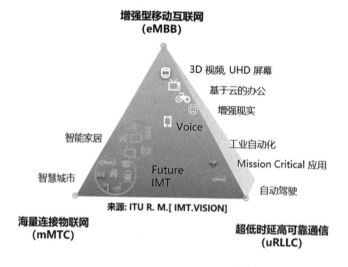

图 1-2　5G 在多个业务场景中具有卓越成效

与人们生活息息相关的制造、医疗、教育和娱乐行业，已经悄然发生变革。

在制造行业，5G 技术将实现工厂内各种设备之间的互联互通，实现智能化的生产控制，智能机器人、智能物流等技术大规模投入生产将在不久的将来成为可能。2021 年，工业和信息化部发布了"5G+工业互联网"明确的落地方案和推广路径。文件重点关注协同研发设计、设备远程操控、设备协同作业、无人智能巡检、生产现场监测等共 20 个典型行业应用场景，以及电子设备制造行业、钢铁行业、采矿行业、港口行业等共 10 个行业重点实践。在工业和信息化部主办的全国性权威 5G 赛事"绽放杯"

5G 应用征集大赛中，西门子、宝钢、上汽等知名企业踊跃参加，展示了全连接工厂、智慧港口、AI 钢铁制造等广阔的 5G 应用前景。除了广阔的应用前景，5G 技术同制造技术相结合，还展现出了提高生产力、降低风险等优势。位于爱沙尼亚塔林的爱立信工厂采用 5G+AR 技术进行故障排除，以降低故障成本，缩短生产停机时间，据报道，采用 AR 技术将公司的生产率提高了 50%。

在医疗行业，5G 将使医疗设备、医疗信息的智能化成为可能，借助 5G 高效的传输能力，疾病诊治的效率可以大大提高，一些疾病的诊治在线上即可完成，无须到医院苦苦等待。一些医院已经投入数字化转型的蓝海，2019 年，华为技术有限公司与厦门大学附属第一医院、智业软件股份有限公司签订协议，华为基于其先进的华为云平台、云计算、人工智能、大数据、5G 等先进技术及丰富的行业经验，为厦门大学附属第一医院提供行业领先的 5G、医疗云、数据中心、远程会诊等数字化医院解决方案和产品技术支持服务，致力于将医院打造成全国顶级的 5G+数字化医院。协议指出三方将合作构建基于云技术的智慧医院、医共体、云影像、互联网+医院、智慧健康社区等医疗行业的领先解决方案。

在教育行业，远程教育、高质量的课程、丰富的教学展现形式会在 5G 时代成为常态，让教育变得更加普及和高效。已经有学校将 5G 技术运用到了教学领域，并取得了显著的成效。Next Galaxy Corp 和尼克劳斯儿童医院（Nicklaus Children's Hospital）进行的一项研究发现，将 5G+虚拟现实（VR）技术投入教学活动后，医务人员记住了高达 80%的课程教材内容，而在传统培训课程中，他们只记住了 20%。

在娱乐行业，5G 将让行业变得更加丰富多样。目前 4G 的时延大约为 10ms，而 5G 的时延可缩短为 1~2ms，极低的时延可以大幅提高用户的游戏体验，同时传输质量的提高也将为游戏公司节约大量的成本，已经有许多大型科技公司投入 5G+游戏的研发。微软的 Project XCloud 将 Xbox 游戏传输到 PC 端、游戏机端和移动装置端。与此同时，Google 也发表了云端串流游戏 Stadia，它允许用户通过 Chrome 浏览器来玩游戏，完全颠覆了现有的游戏产业。此外，5G 将为新的用户交互方式铺平道路，原先对传输速率要求极高的 AR、VR 技术在 5G 网络的背景下将变得不再遥远。传统的家庭网络、电视、移动媒体和广告也将带来更加良好的用户体验，在 5G 网络中，一部电影的下载时长将从 7min 缩短到仅仅 6s，大大缩短了用户的等待时间，提高了用户体验。

在 5G 时代下,机遇与挑战并存,新的技术提供了新的经济增长蓝海,也带来了新的挑战,维护 5G 通信的安全将关乎我国建设网络强国、制造强国的进程。

1.2 5G 安全焦点之争:5G 安全的下半场

5G 安全的发展若以各国安全政策的制定和出台为分界点,则可分为上、下两个半场。在上半场,5G 安全的焦点主要在对网络开放、网络切片、云化基础设施和基于服务的架构(SBA)等新技术在应用中产生的安全风险的应对,和基于以往的实践经验进行的 5G 安全防护体系的建设之上。

随着各国相继出台 5G 安全政策,5G 安全下半场的焦点也汇聚到国家政策之间,以及 CT 和 IT 方案之间的差异上。

1.2.1 5G 安全的国内外之争

从 2019 年 5G 商用元年以来,随着 5G 在全球范围内的蓬勃发展,全球主要国家关于 5G 安全的法律法规和产业政策相继出台。

1.2.1.1 美国

美国在 5G 安全领域发布了一系列法律法规和产业政策,并落地相关项目,用于保障 5G 安全和引领 5G/6G 产业发展。

- 《5G 安全和超越法案》:美国国会于 2020 年 3 月 23 日发布,用于保障美国国内的 5G 安全,推动盟国的 5G 安全发展,提升 5G/6G 标准与产业领导力。

- 《保护 5G 安全国家战略》:美国白宫于 2020 年 3 月 23 日发布,旨在加速美国国内的 5G 部署,保障 5G 安全。协同盟国制定国际 5G 安全原则,并推动全球进行 5G 安全相关技术开发。

- OPS-5G 研究项目：美国国防部下属国防高级研究计划局（DARPA）于 2020 年 1 月 30 日发布，该项目的目标是定义开放、可编程和安全的 5G 网络，以安全为切入点重新领导 5G 产业。

- 《美国国防部 5G 安全战略》：美国国防部于 2020 年 5 月发布，承接白宫发布的《保护 5G 安全国家战略》，推动美国 5G 技术发展，提升 5G 安全能力。

- 《CISA 5G 战略》：美国国土安全部下辖的网络安全和基础设施安全局（CISA）于 2020 年 8 月 24 日发布。承接白宫发布的《保护 5G 安全国家战略》，提出标准制定、供应链完善、基础设施建设、市场创新、风险管理这五项安全战略举措。

1.2.1.2 欧盟

欧盟在 5G 安全领域也发布了一系列法律、政策，并提供了一系列工具，用来指导成员国建立健全 5G 安全防护体系。

- 《欧洲电子通信法规》（EECC）：于 2018 年 12 月发布，EECC 中的一个重要部分是消费者保护和电子通信安全。EECC 中第 40 条提出了对电子通信供应商的详细安全要求。

- EU Toolbox：全称为"欧盟 5G 网络安全风险缓解措施工具箱"，由信息安全合作小组（NIS CG）于 2020 年 1 月发布。该工具箱定义了高风险供应商，提出了对于关键资产应限制高风险供应商进入的策略。

- 《欧盟网络安全法案》：于 2019 年 6 月 27 日发布，强化了 ENISA 欧盟层面安全主管机构的地位，制定了欧盟针对产品、服务、流程的统一安全认证框架。

- 《网络弹性法案》：于 2023 年 7 月 13 日发布，旨在为欧盟数字产品（软件和硬件）制定共同的网络安全标准，通过提高全生命周期弹性、缩短安全事件响应时间、制定欧洲网络安全防御方法，以提高欧洲的网络防御能力。该法案是对当前《欧盟网络安全法案》的补充。

- NIS2 指令：于 2022 年 12 月 27 日发布，通过该指令，欧盟将延续对 5G 安全的监管，把 5G 电信监管的套路（高风险供应商、统一安全认证等）应用到其他行业，如交通、能源、金融等行业。

- 5G 安全控制矩阵：由 ENISA 于 2023 年 5 月 24 日发布，是 EU Toolbox 的具象化表达、EECC 的低阶细化呈现。

1.2.1.3 中国

近年来，我国陆续出台多部法律法规，进一步细化、落实了包含 5G 在内的关键信息基础设施防护的各项政策和要求。

- 《通信网络安全防护管理办法》：于 2010 年 1 月 21 日颁布，于 2010 年 3 月 1 日施行，主要为了加强对通信网络安全的管理，提高通信网络安全防护能力，保障通信网络安全畅通。

- 《网络安全法》：于 2017 年 6 月 1 日施行。《网络安全法》中以独立章节对关键信息基础设施的安全保护提出了专门的要求，明确国家对关键信息基础设施在网络安全等级保护制度的基础上，实行重点保护。

- 《网络安全等级保护条例（征求意见稿）》：于 2018 年 6 月 27 日发布，以实施《网络安全法》第 21 条规定的网络安全等级保护制度，并更新由《信息安全等级保护管理办法》建立的信息安全等级保护制度。

- 《密码法》：于 2020 年 1 月 1 日施行。对于要求使用商用密码进行保护的关键信息基础设施，其运营者应当使用商用密码对其进行保护，自行或者委托商用密码检测机构开展商用密码应用安全性评估。

- 《数据安全法》：于 2021 年 9 月 1 日施行。主要用于规范数据处理活动，保障数据安全，促进数据开发利用，保护个人、组织的合法权益，维护国家主权、安全和发展利益。

- 《关键信息基础设施安全保护条例》：于 2021 年 9 月 1 日施行，明确了关键信息基础设施安全保护的监督管理工作机制及关键信息基础设施运营者的责任和义务。强调对重点行业和领域的重要网络设施和信息系统等关键信息基础设施进行重点保护,运营者依据本条例和有关法律、行政法规的规定,以及国家标准的强制性要求,在网络安全等级保护的基础上,采取技术保护措施和其他必要措施,应对网络安全事件,防范网络攻击和违法犯罪活动,保障关键信息基础设施安全稳定运行,维护数据的完整性、保密性和可用性。

- 《网络安全审查办法》:于 2022 年 2 月 15 日施行,明确要求关键信息基础设施运营者采购网络产品和服务时,数据处理者开展数据处理活动时,对于影响或可能影响国家安全的,应当按照本办法进行网络安全审查。

围绕着上述法律法规,有如下三个主要的安全建设标准体系。

1. 《网络安全等级保护条例》(等保)和《通信网络安全防护管理办法》(工业和信息化部等保)。

2. 《关键信息基础设施安全保护条例》(关保)。

3. 《信息系统密码应用基本要求》(密评)。

1.2.2 5G 安全的 IT 安全与 CT 安全之争

全球运营商普遍高度重视 5G 网络安全。

在 5G 网络安全建设的上半场,运营商基于实践经验均采用各种技术手段保护 5G 网络不被入侵,确保用户数据不被窃取。常见的安全防护方案包括划分网络安全域、部署边界防护、实现分层分域的纵深安全防护体系等。具体而言,在网络安全防护体系建设上,常见的部署手段如下。

- 网络边界防护类手段:通过在网络边界和安全域边界等部署防火墙、堡垒机、4A 系统、零信任接入网关等,以限制非法的网络访问。

- 系统威胁主动发现类手段:通过部署网络安全扫描器、Web 应用扫描器、安全配置核查系统等,发现网络和系统的各类安全漏洞及设备配置不合规等安全问题。

○ 系统威胁被动检测类手段：通过部署入侵检测、态势感知、安全审计等技术手段，动态分析入侵行为、安全事件、违规操作等。

○ 网络流量安全检测处置类手段：通过全流量分析、入侵防护系统（Intrusion Prevention System，IPS），基于流量分析发现网络攻击行为并进行阻断，通过抗DDoS攻击设备防范各类拒绝服务攻击流量。

来自IT（Internet Technology，互联网技术）领域的经验难以完全匹配CT（Community Technology，电信网技术）网络的安全需求，普遍存在生搬硬套、缺乏纵深、覆盖不全、运维不足等问题。

5G网络包括位于运营商电信云上的核心网网元、海量基站、用户平面功能、边缘云等网络暴露面资产，还有大量的垂直行业应用终端及第三方应用，资产数量多，暴露面风险相对以前的通信网络越来越突出。基于以往IT领域的实践经验设计的传统网络安全防护体系限于"尽力而为、问题归零"的惯性思维，往往只能挖漏洞、打补丁、查病毒、杀木马、设蜜罐、布沙箱，这种层层叠叠的附加式、外挂式、边界防护式安全建设思路已经无法应对新的安全风险。

5G核心网通常部署在电信云资源池上，在核心网边界部署安全防护设备容易存在纵深防护不足的问题，一旦突破边界防护，在核心网内部就可以实现横向攻击。从全球范围来看，突破运营商网络防护边界的案例屡见不鲜。例如，海外某运营商的运维账户存在弱口令，导致攻击者通过暴力破解进入内网并长期潜伏。因此，仅依靠当前传统的外挂式安全防护手段难以实现5G网络的纵深防护。

传统外挂式安全防护手段无法对全部的5G网络暴露面进行防护。

5G暴露面资产分散，难于集中部署安全防护设备。例如，5G基站面临无线空口攻击，但受到基站物理环境、供电、部署、维护成本的限制，在基站上难以部署"外挂式"安全产品（无法为基站部署防火墙阻止无线空口攻击）。同样地，5G用户平面功能网关数量多，暴露在园区，受攻击的可能性大，部署外挂式安全产品的成本过高。

传统外挂式防护对运维人员的能力要求高。因外挂式防护常由多种不同的防护手段堆砌而成,安全运维人员需要同时懂应用、系统和网络,还要懂网络攻击和防御,对运营商安全运维团队的能力要求很高。

从新技术的发展伴随着安全的革新来看,IT 安全方案在 CT 场景的应用总会落后于 CT 业务的发展。方滨兴院士指出:一个新兴技术对安全的影响存在着"伴生效应"和"赋能效应"。

所谓伴生效应,是指尽管在新技术酝酿之初会根据以往的经验充分考虑安全问题,但在新技术推出之后,势必会在应用中发现安全问题伴生而来。伴生效应表现在两个方面:一是新技术的脆弱性导致新技术系统自身出现问题,无法达到预设的功能目标,可称为新技术自身带来的"内生安全问题";二是新技术的脆弱性虽没有给新技术系统自身的运行带来什么风险,但可以被攻击者利用,从而引发其他领域的安全问题,可称为"衍生安全问题"。例如,在没有 5G 移动通信网技术之前,不存在 5G 安全问题,传统安全技术是滞后于 5G 技术发展的。5G 技术对实时性、可靠性、可维护性和系统资源的要求,以 IT 类安全产品的以往经验是无法达到的。而 5G 应用覆盖了越来越多的制造、医疗、教育、娱乐等涉及国计民生的行业,其安全问题将不可避免地影响其他行业。

所谓赋能效应,是指新兴技术推出后能带动安全能力不断演进。赋能效应主要体现在两个方面:一是"赋能攻击",新技术的出现会增强现有的攻击手段,使得原先可靠的安全防护机制因新技术的产生而失效;二是"赋能防御",新技术也可以助力安全防护机制,让安全问题借助新技术得到更好的解决。例如,移动通信网的短消息技术使得短信验证码的 2FA 技术得到普及,而移动通信网的 SS7 信令系统也使得攻击者更容易追踪用户的位置。

本节聚焦 5G 移动通信网的安全防护体系,主要探讨 5G 安全的伴生效应。

对于 5G 运营商来说,可以选择使用由 IT 厂商或 CT 厂商提供的安全方案。由于具有开放、灵活、自由度高、面向消费者等特点,IT 产业面临的安全威胁较早爆发并被人们所熟知。IT 安全产品面临着复杂多变的运行环境、形势严峻的安全威胁和过多的市场竞争,因此形成了重视通用安全功能、优先快速占据市场、轻视资源占用、轻视业务影响的特点。安全产品成为安全威胁,安全产品导致业务中断的案例屡见不鲜。而 CT 行业因为早期的专有硬件且网络封闭,加之运维人员多为专业人士,因此鲜有安全事件发生。CT 厂商的安全功能也更多聚焦于安全开发流程、功能安全性等方面。在移动通信网中部署单独的安全产品来提升产品安全性并不被优先考虑。

随着 CT 产品被不断引入 IT 技术，CT 产业和 IT 产业融合成了 ICT 产业。利用 SBA、SDN/NFV、云原生等技术构建的 5G 移动通信网，在拥有了更灵活、更开放的网络，以及更低的 OpEx 和 CapEx 的同时，也面临着许多复杂多变的安全威胁。曾经让攻击者摸不着头脑的封闭生态被开源软件供应链占据，挖空心思研究的专有硬件被随处可得的商用硬件替代，望而却步的网络隔离被下沉的边缘计算打破。结合 IT 产业的漏洞信息，攻击者利用上述优势访问并攻陷 5G 网络的风险大幅增加。但与此同时，CT 业务的资源规格被更加精细地规划，导致业务时延更敏感、系统可靠性要求更高及 SLA 执行更严格的行业趋势也在日益显现。

5G 的伴生安全问题已经成为一个亟待解决的难题。一方面，5G 移动通信网拥有着最为健全的行业组织，所使用的技术方案和安全性均经过严格的设计和定义，但不断增加的暴露面和难以根除的供应链漏洞又是潜伏着的威胁。另一方面，5G 移动通信网的攻击者通过 IT 风险积累的优势愈增，但保护者受限于 CT 业务要求，可选的防护方案愈减。表 1-1 对 5G 安全中 IT 安全产品（考虑通用性、安全性）和 CT 安全产品（考虑专用性、业务可靠性、确定性）的不同维度进行了对比分析。

表 1-1　5G 安全中的 IT 与 CT 安全产品

维　　度	IT 安全产品	CT 安全产品
架构设计思路	受限于通用性，不会考虑 5G 业务和网络。如果部署到 5G 核心网上，会对现有网络安全防护体系带来破坏性影响，如增加暴露面、新增进程、破坏网络隔离等； 设计软件时，考虑的是在通用系统上的应用保护，未经 5G 供应商评估兼容性，部署后产生的机制冲突可能会对核心网业务造成严重影响，比如接管操作系统防火墙导致规则无法更新	充分考虑 5G 核心网业务和网络架构体系，在现有安全防护体系的基础上构建内生安全纵深防护体系，不会破坏现有的安全防护体系，无新增暴露面，不涉及网络改造等； 设计软件时，所有行为均经过 5G 供应商的充分评估和验证，不会对核心网业务造成任何影响

续表

维度	IT 安全产品	CT 安全产品
对业务的影响	资源消耗控制弱：宽松且未经充分验证的资源控制机制会导致抢占业务资源，影响业务效果； 影响系统可用性：不受 5G 设备监控，因资源抢占、系统配置修改等，可能造成业务进程故障，一旦产生业务影响将没有逃生机制； 存在兼容性问题：5G 网络经过严格裁剪和权限限制，IT 安全产品应用于 5G 网络可能存在兼容性问题	安全运行资源（CPU、内存、磁盘、带宽）严格限制； 架构冗余设计：具备故障自恢复、bypass（逃生）、优雅降级、一键关停等能力，在故障场景下可快速恢复，可逃生，不影响现网业务； 由 5G 设备厂商发布，原生适配操作系统，不存在兼容性问题
检测准确度	以黑名单方式管理，对业务不了解，存在误报、误杀的可能，会造成业务中断； 只能通过不断学习攻击者的手段来发现和处理威胁，对于 0Day 等未知的高级 APT 攻击强调运营和安全托管	基于 5G 的运行机理进行监测，不依赖特征库更新，正常业务不受影响，异常行为精准识别； 基于 5G 业务的确定性识别异常行为，以不变应对攻击手段的不断演进，能准确发现异常行为
集成运维能力	联网使用，破坏网络隔离，增加暴露面； 不了解核心网资产，仅能呈现受攻击的 IP 地址，无法快速定位受影响资产的位置； 无法识别业务，不支持弹性扩缩容自动部署，均需手动安装	无须连接互联网，不会新增暴露面； 支持基于 5G 业务资产的风险呈现； 支持随网元弹性扩缩容自动部署，新增网元时不需要人工干预

相较于 CT 安全产品的需求，IT 安全产品在 CT 行业的应用往往有着如下不足。

○ 基于补丁式安全和安全功能叠加，系统消耗大：未从源头进行风险治理，基于特定场景和问题进行安全产品叠加会带来系统消耗大、处置效率低等一系列问题。

○ 不了解业务，误处置造成业务中断：不了解业务实现逻辑，存在误删除业务文件、关停业务进程、拦截业务访问等行为，容易造成业务中断。

- 无法与业务同步，存在安全空档期：在规划和建设上，先有业务后有安全，安全空档期内存在风险；在业务运行期间，安全策略无法跟随业务及时调整。

- 兼容性问题，业务不稳定：与 CT 行业专有的操作系统和业务适配不足，容易与系统调用冲突，出现系统复位现象，影响业务的可靠性和稳定性。

1.3　5G 安全标准

针对 5G 面临的安全风险和挑战，国内外众多标准组织和监管部门进行了系统化的分析和定义，并发布了研究报告、技术要求和推荐实现。下列组织在 5G 移动通信网安全防护体系上发挥了重要的作用。

3GPP：第三代合作伙伴计划（3rd Generation Partnership Project），是一个成立于 1998 年 12 月的标准化机构。最初目标是在 ITU 的 IMT-2000 计划范围内制定和实现全球性的第三代移动通信电话系统技术规范和宽带标准。随着技术和产业的发展，3GPP 逐渐成为 4G、5G 标准的权威组织。

ETSI：欧洲电信标准协会（European Telecommunications Standards Institute），成立于 1988 年，是欧洲的一个独立的、不以营利为目的的电信行业标准化组织。目标是制定适用于全球的信息技术与通信技术（ICT）标准，包括固定、移动、无线电、融合、广播和互联网技术标准。ETSI 作为 3GPP 的创始成员，与 3GPP 有着紧密的合作。

ITU：国际电信联盟（International Telecommunication Union），是联合国负责信息通信技术事务的专门机构，成立于 1865 年，旨在促进国际通信网络的互联互通，负责分配和管理全球无线电频谱、制定全球电信标准。全球成员包括 193 个成员国，以及含各公司、大学、国际组织、区域性组织在内的约 900 个成员组织。ITU-T 是其标准化部门。

GSMA：全球移动通信系统协会（Global System for Mobile Communications Association），成立于 1987 年，目前成员包括 220 个国家的近 800 家移动运营商，以及 230 多家移动生态系统中的企业，如手机制造商、软件公司、设备供应商、互联网公司、金融服务企业、医疗企业、媒体公司等。

ENISA：欧盟网络安全局（The European Union Agency for Cybersecurity），成立于 2004 年，致力于在整个欧洲实现高共同水平的网络安全。该机构为欧盟网络政策做出贡献，通过网络安全认证计划提高了 ICT 产品、服务和流程的可信性，帮助欧洲应对未来的网络挑战。

NIST：美国国家标准与技术研究院（National Institute of Standards and Technology），前身为国家标准局（NBS，1901—1988 年），是一家测量标准实验室，是隶属于美国商务部的非监管机构。

国家标准化管理委员会：下达国家标准计划，批准发布国家标准，审议并发布标准化政策、管理制度、规划、公告等重要文件；开展强制性国家标准对外通报；协调、指导和监督行业、地方、团体、企业标准工作；代表国家参加国际标准化组织、国际电工委员会和其他国际或区域性标准化组织；承担有关国际合作协议的签署工作；承担国务院标准化协调机制的日常工作。

TC260：全国信息安全标准化技术委员会，简称"信安标委"。该委员会是在信息安全技术专业领域从事信息安全标准化工作的技术组织，负责组织开展国内信息安全标准化技术相关工作，涉及安全技术、安全机制、安全服务、安全管理、安全评估等领域。

TC485 & CCSA：CCSA（China Communications Standards Association，中国通信标准化协会）是国内企事业单位自愿联合组织起来，在全国范围内开展信息通信技术领域标准化活动的非营利性法人社会团体。TC485，全国通信标准化技术委员会，于 2009 年 5 月经国标委批准成立，由国标委主管、工业和信息化部作为业务指导单位、CCSA 作为秘书处承担单位，主要负责通信网络、系统和设备、通信基本协议、相关测试方法等的国家标准制定和修订工作。

CSTC：密码行业标准化技术委员会（Cryptography Standardization Technical Committee），简称"密标委"，于 2011 年 10 月成立。旨在满足密码领域标准化发展需求，充分发挥密码研究、生产、使用、教学和监督检验等领域专家的作用，更好地开展密码领域的标准化工作。

1.3.1 国际标准

1.3.1.1 3GPP

3GPP 聚焦 5G 基础共性、应用与服务安全、通信网络、IT 化网络设施等方面。

3GPP 在 5G 基础共性领域的重点标准包括 3GPP TS 33.501《5G 系统的安全架构和过程》、3GPP TR 33.841《256 位算法对 5G 的支持研究》、3GPP TR 33.834《长期密钥更新程序（LTKUP）的研究》。在应用与服务安全方面，发布了 3GPP TS 33.535《在 5G 中基于 3GPP 凭证的应用程序的身份认证和密钥管理》。在通信网络方面，发布了 3GPP TR 33.813《网络切片增强的安全性研究》。在 IT 化网络设施方面，发布了 3GPP TR 33.848《虚拟化对安全性的影响研究》，并发布了 3GPP TR 33.818《虚拟化设备的关键资产、威胁及安全评估流程》针对虚拟化网络产品的安全保障方法展开研究和分析。

1.3.1.2 ETSI

ETSI NFV SEC 工作组负责分析虚拟化环境下的安全威胁，导出业务和安全需求。工作组还确定了 NFV 环境安全领域的最佳实践。ETSI NFV SEC 工作组于 2014 年发布的 ETSI GS NFV-SEC001 标准描述了 NFV 技术所面临的安全问题，定义了由 NFV 技术引入的安全问题和虚拟化问题，以及网络技术本身存在的安全问题的边界，并指出了 NFV 安全的双重性，即虚拟化带来了新的威胁，也带来了新的机会。

在发布 ETSI GS NFV-SEC001 之后，ETSI NFV SEC 工作组围绕着位置、时间戳、证书管理、多层主机管理、NFV 安全和远程证明等，发布了一系列报告（Group Report，GR），并在安全管理和监控、多层主机管理、安全和信任、API 访问、安全监管、安全问题、管理软件的安全功能分类、数据留存、NFV 系统架构、MANO 组件和 NFV 软件包等领域发布了一系列标准（Group Specification，GS）。

1.3.1.3 GSMA

GSMA 针对 5G 安全发布的主要标准如下。

- GSMA NESAS 系列标准：该系列标准主要定义了网络设备安全评估体系、安全测试实验室资质认证流程和要求、对产品开发和生命周期管理流程进行资质认证的方法等。

- GSMA IR.77：该标准制定了 IPX 网络的安全要求，包括 IPX 网络内部安全要求、IPX 网络间安全要求、服务供应商网络和 IPX 网络之间的安全要求，以及对数据机密性、完整性、可靠性等方面的安全要求。

- GSMA NR.116：该标准基于 3GPP R15 标准制定了网络切片的通用模板，明确了必选特性和可选特性。

- GSMA NR.113：该标准提供了使用 SBA 架构的 5G 核心网漫游指南，具体包括接口要求、与 E-UTRAN 和 EPC 共存的要求、漫游时的网络切片要求等。

1.3.1.4 ITU-T

ITU-T 已发布的标准聚焦于 IT 化网络设施安全领域，主要围绕基于 SDN 的业务链安全、SDN/NFV 网络中的软件定义安全标准。此外，ITU 正在针对 5G 网络安全基础、IT 化网络设施安全、网络安全、数据安全和安全运营管控展开标准研究。ITU-T 在 5G 网络安全领域的重点标准如下。

- ITU-T X.1043《基于软件定义网络的服务功能链的安全框架和要求》和 ITU-T X.1046《软件定义网络/网络功能虚拟化网络中的软件定义安全框架》两项标准。

- ITU-T X. 5Gsec-guide《基于 ITU-T X. 805 的 5G 通信系统安全导则》主要针对基于 ITU-T X. 805 的 5G 通信系统展开安全研究。

- ITU-T X. 5Gsec-ecs《5G 边缘计算服务的安全框架》根据 5G 边缘计算的部署方式及典型应用场景，分析 5G 边缘计算的安全威胁、安全需求，提出 5G 边缘计算服务安全框架。

○ ITU-T X. 5Gsec-t《5G 生态系统中基于信任关系的安全框架》研究 5G 生态系统中的信任关系和安全边界，制定 5G 生态系统的安全框架。

1.3.1.5 ENISA

ENISA 在 2015—2022 年间围绕着 SDN、虚拟化、信令、网络、供应链、NFV 发布了一系列研究报告。

2021 年 2 月发布了名为"Security in 5G specifications –Controls in 3GPP security specifications (5G SA)"的报告，该报告旨在帮助欧盟成员国实施 EU Toolbox 中关于 5G 安全的技术措施 TM02（确保和评估 5G 标准中安全措施的实现）。该报告还致力于帮助欧盟成员国和监管当局更好地了解与 5G 安全相关的标准化环境，并提高对 3GPP 安全规范及其主要元素和对安全控制的理解。

2021 年 7 月发布了名为"5G supplement to the guideline on security measures under the EECC, 2nd edition"的报告作为对 EECC 安全措施指南的补充。

2022 年 3 月发布了"5G cybersecurity standards - Analysis of standardisation requirements in support of cybersecurity policy"，以研究标准化对于消减 5G 安全风险的贡献。

1.3.1.6 NIST

NIST 于 2020 年 4 月发布了名为"5G cybersecurity - Preparing a secure evolution to 5G"的通知，其范围是利用 3GPP 标准中定义的 5G 标准化安全功能，提供内置于网络设备和最终用户设备的增强网络安全功能。此外，该项目旨在确定有效运营 5G 网络所需的底层技术和支持基础设施组件的安全特性。

2022 年发布了 NIST SP 1800-33B, 5G cybersecurity - Volume B: Approach, architecture, and security characteristics 标准。该标准将展示 5G 网络运营商和用户如何降低 5G 网络安全风险。这是通过提升系统架构组件能力，提供基于云的安全基础设施，并在 5G 标准中引入安全防护功能来实现的，支持常见的使用场景，能满足行业相关部门推荐的网络安全实践要求和合规性要求。

1.3.2 国内标准

1.3.2.1 国家标准化管理委员会

国家标准化管理委员会于 2021 年 2 月发布了强制性国家标准 GB 40050-2021《网络关键设备安全通用要求》，该标准主要用于落实《网络安全法》中第二十三条关于网络关键设备安全的要求，为 5G 网络设备的安全性提供了技术保障。该标准的主要内容包括网络关键设备的安全功能要求和安全保障要求。其中，安全功能要求聚焦于设备的技术安全能力，安全保障要求则对网络关键设备提供者在设备全生命周期的安全保障能力提出了要求。

1.3.2.2 TC260

在 5G 网络安全标准研究方面，TC260 针对 5G 网络安全推动了有关《5G 网络安全标准化白皮书》的研究，涵盖了安全基础共性、终端安全、IT 化网络设施安全、应用与服务安全、数据安全和安全运营管理等方面，并持续完善相关配套标准。在安全基础共性方面，发布了 GB/T 22239-2019《信息安全技术 网络安全等级保护基本要求》，规定了第一级到第四级等级保护对象在保护方面的通用要求和扩展要求，用于指导网络运营商按照网络安全等级保护制度的要求履行网络安全保护义务。

1.3.2.3 TC485 & CCSA

TC485 正在推进关于 5G 网络相关标准的研究，在研标准主要涵盖安全基础共性、通信网络安全等方面。

TC485 在研标准《5G 移动通信网安全技术要求》（YD/T 3628-2019）主要围绕 5G 移动通信网中的通信安全总体技术要求展开研究，为运营商和监管机构在 5G 安全方面开展工作提供技术参考。

TC485 在研标准《5G 移动通信网络设备安全保障要求 核心网网络功能》（YD/T 4204-2023）、《5G 移动通信网络设备安全保障要求 基站设备》主要围绕 5G 设备安全，从核心网网络功能、基站设备等方面，对 5G 移动通信网络设备安全保障提出要求。

在 SDN/NFV 和切片安全领域发布了《SDN 网络安全能力要求》（YD/T 3489-2019），并有在研行业标准《网络功能虚拟化（NFV）安全技术要求》(2020-0003T-YD)。

1.3.2.4 CSTC

CSTC 在国家密码管理局的指导下制定发布了推荐性标准 GB/T 39786-2021《信息安全技术 信息系统密码应用基本要求》。

第 2 章

5G 安全防护的"前世今生"

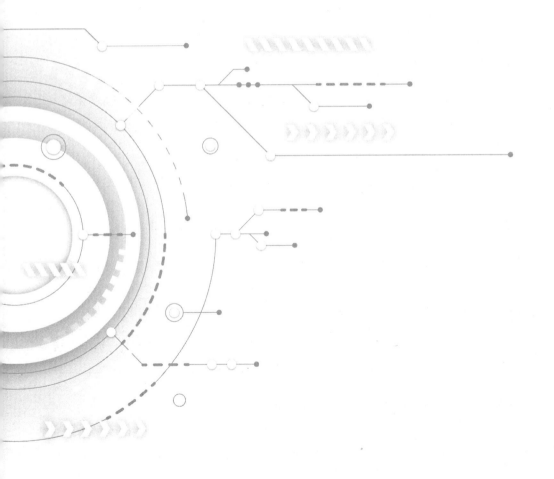

5G 在公共通信领域发挥着重要的作用。一旦遭到破坏、丧失功能或者发生数据泄露，就可能严重危害国家安全、国计民生、公共利益。因此 5G 也被全球公认为关键基础设施（关基）系统。

2.1 国际 5G 安全防护要求

2.1.1 美国关键基础设施防护

2013 年 2 月，美国发布第 13636 号行政命令（EO）《改善关键基础设施网络安全》。NIST 自此开始与美国私营部门合作，确定现有的行业最佳实践，以将其构建成网络安全框架。这次合作带来了《改进关键基础设施网络安全框架》标准及 NIST 网络安全框架 V1.0。该标准围绕关键基础设施的网络弹性要求，并引用 SP800-53、ISO27001、欧盟区域标准等作为参考，系统定义了 IPDRR 方法。

2014 年的《网络安全增强法案》（CEA）扩大了 NIST 在制定网络安全框架方面的工作范围。如今，NIST CSF 仍然是美国所有行业中采用最广泛的安全框架之一。

2018 年 4 月，NIST 发布新的《关键基础设施网络安全改进框架》V1.1 版本，新增了自我评估，扩展了供应链安全，细化了认证授权、身份证明、漏洞披露、生命周期管理等方面的内容，目的是为相关组织机构提供更细粒度的指导，实现个体组织价值的最大化。

拜登政府上台后，美国连续发布了 14028 号行政令《关于改善国家网络安全的行政令（202105）》和国家安全备忘录《改善关键基础设施控制系统网络安全（202107）》，明确了在国家层面上进行关键基础设施安全防护的目标和重点方向。

2022 年 9 月，美国国土安全部下辖的网络安全和基础设施安全局（CISA）发布了《2023 至 2025 年 CISA 战略规划》，将关键基础设施安全防护作为其工作重点。

2023 年 3 月，美国白宫发布了新的《国家网络安全战略》，该战略首次将关键基础设施防护定位为国家网络安全的第一大支柱，并要求制定支持国家安全和公共安全的网络安全要求、扩大社会合作、整合各种社会资源、更新安全事件响应计划和进程，以及发展现代化的安全防护能力。

2023年1月，NIST发布了《网络安全框架2.0》草案，并于2024年年初发布框架V2.0正式版本。在提出新的框架设计原则与思路的同时，也明确将扩展其拟应用范围，从面向关键基础设施扩展至面向政府、产业和学术界的各类组织。

2.1.2 欧洲关键基础设施防护

2016年7月6日，欧洲议会和欧盟理事会通过《关于欧盟共同的高水平网络和信息系统安全措施的指令》（NIS1）2016/1148 。NIS1是欧盟范围内第一个关于关键基础设施网络安全的立法，其目的是确保欧盟国家已做好充分准备处理和应对网络攻击。

NIS指令主要包含三个方面。

- 国家能力：成员国必须有某些网络安全能力，如事件响应、网络演练等。

- 跨境合作：欧盟成员国之间可以跨境合作，如形成欧盟计算机安全事件响应小组（CSIRT）、信息安全合作小组（NIS CG）等。

- 关键行业的国家监督：对关键行业进行事前监督（能源、交通、水、卫生、数字基础设施和金融），对数字服务供应商进行事后监督（在线购物，云计算和搜索引擎）。

2020年12月16日，欧委会发布了对NIS1的拟议修订（NIS2）。新的指令作为欧盟新网络安全战略《欧盟数字十年的网络安全战略》的关键组成部分被宣布，旨在刷新现有的NIS框架以解决指令运作中的问题，并进一步提高利益相关方的网络安全韧性和事件响应能力。《欧盟数字十年的网络安全战略》将作为未来欧盟"数字十年"计划的网络安全顶层目标与基本路线，在目标"韧性、技术主权和领导力"中提及"改革网络和信息系统的安全规则，以增强关键公共和私营部门及关键基础设施和服务的网络韧性，确保其在日新月异、愈发复杂的威胁环境中不被渗透"。

NIS2共7章43条，将对现行制度进行重大修改，包括扩大现有法律适用范围、优化关于安全要求和事件报告的现有规则、优化处罚措施等，旨在确保整个欧盟实现统一的高水平网络安全防护，以提升内部市场的运作机制。NIS2 同时规定了成员国义务，包括实施国家网络安全战略、指定国家主管机构和单点联络机构、成立 CSIRT，明确了实体在网络安全风险管理和事件报告方面的义务，也定义了网络安全信息共享相关的规则和义务。

GSMA 推出的安全防护体系主要包括两部分：NESAS/SCAS 和 CKB。

1. NESAS/SCAS

NESAS/SCAS 机制是由 GSMA 与 3GPP 两大重量级行业组织合作，并召集全球主要运营商、供应商、行业伙伴和监管机构共同制定的。主要针对移动通信网络进行安全评估，由独立、权威的第三方机构进行审计及测试，如图 2-1 所示。

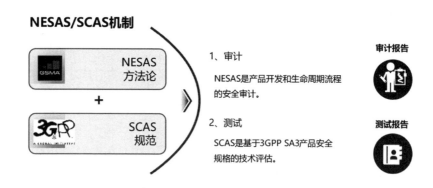

图 2-1　NESAS/SCAS 机制体系

GSMA 和 3GPP 相互配合制定的 NESAS/SCAS 机制，为 5G 业务安全定义了权威定制、高效统一、开放演进的通信行业网络安全评估标准，目前已被全球主要运营商、供应商和行业伙伴广泛接受。

NESAS 是产品开发和生命周期流程的安全审计，要求包括：安全设计、版本控制、变更管理、源代码检视、安全测试、员工教育、漏洞修复流程、漏洞修复独立性、信息安全管理、自动化构建流程、构建环境控制、漏洞信息管理、软件完整性保护、唯一的软件发布标识、安全修复沟通、文档准确性、安全联络人、源代码治理、持续改进、安全文档、第三方组件选型。

SCAS 是基于 3GPP SA3 产品安全规格的技术评估，标准包括：通用安全保障需求目录、MME（移动管理实体）、eNodeB、PGW（业务发放网关）、NSSAAF（基于网络切片的认证授权功能）、gNodeB、AMF（接入和移动管理功能）、UPF（用户平面功能）、UDM（统一数据管理）、SMF（会话管理功能）、AUSF（鉴权服务功能）、SEPP（安全边缘保护代理）、NRF（网络存储功能）、NEF（网络开放功能）、NWDAF（网络数据分析功能）、SCP（服务通信代理）、Split gNB 产品、MnF（管理功能）、IPUPS（PLMN 间用户平面安全）、3GPP 虚拟化网络产品。

2. CKB

随着全球移动网络运营商引入并推出 5G 系统，通信网络将面临新的安全威胁和挑战。如何客观、迅速且有效地了解、映射并消减现有的或可能出现的安全威胁，变得尤为重要。

GSMA 进行了全面的威胁分析，整个生态系统的行业专家也参与其中，包括移动网络运营商、服务供应商、监管机构等。CKB（Cybersecurity Knowledge Base，网络安全知识库）从 3GPP、ENISA 和 NIST 等公共渠道收集输入信息，然后将这些威胁映射到适当有效的安全控制措施。CBK 是系统的 5G 网络安全知识体系，为运营商提供了系统的 5G 安全管理方法。该知识库为利益相关方的风险管理战略提供了必要的洞察信息，并提供了最佳实践和风险消减措施等方面的指导。CKB 促进并鼓励了合作，以防止网络/服务中断和非法访问。

CKB 的构建包含业界公认的威胁图谱、针对不同角色的风险消减策略和关键控制措施，以及标准和最佳实践参考等。在充分运用这些措施和参考的前提下，5G 网络安全是可验证和可管理的。CKB 是帮助各利益相关方在技术层面系统理解和应对 5G 网络安全典型威胁的有力工具。图 2-2 展示了 CKB 的体系结构。

NESAS 面向 5G 网元设备安全，聚焦网元的设计、开发、维护，与 3GPP 在产品测试方面的 SCAS 标准配合。CKB 则作为全面提升运营商 5G 安全水平的重要参考和依据，定义了 5G 安全分层模型（应用安全、网络安全、产品安全）与利益相关方的安全责任分工。可以说，基于 CKB 的 5G 安全知识库是监管合规、安全韧性提升、垂直行业安全业务赋能与创收等需求，与 5G 网络安全规、建、维、优、营能力之间的一座桥梁，如图 2-3 所示。

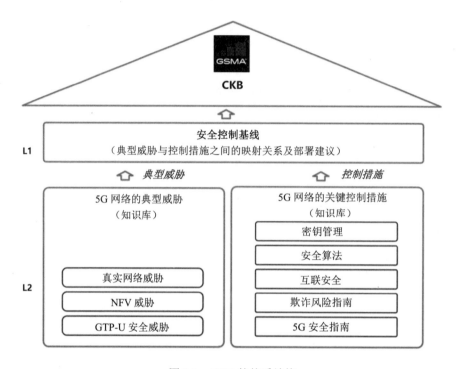

图 2-2 CKB 的体系结构

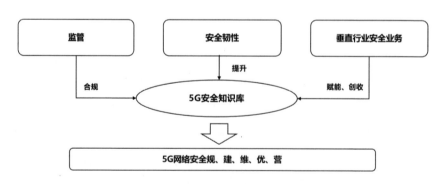

图 2-3 5G 安全知识库的作用和地位

5G 安全知识库作为桥梁，融合三大需求，整合全球运营商的最佳实践，指导运营商实施 5G 网络安全控制措施。运营商可以参考 5G 安全知识库，在 5G 网络的规、建、维、优、营中构建安全能力，分步提升 5G 网络安全能力和治理能力。

2.2 国内 5G 安全防护要求

2.2.1 关键信息基础设施防护

关键信息基础设施是指公共通信和信息服务、能源、交通、水利、金融、公共服务、电子政务、国防科技工业等重要行业和领域的，以及其他一旦遭到破坏、丧失功能或出现数据泄露便可能严重危害国家安全、国计民生、公共利益的，重要网络设施和信息系统。关键信息基础设施安全保护制度直接针对关键信息基础设施运营者，设备与服务厂商作为间接参与者。

2017 年 6 月，《网络安全法》正式生效，对关键信息基础设施在网络安全等级保护制度的基础上实行重点保护。

2020 年 1 月，《密码法》生效，对于要求使用商用密码进行保护的关键信息基础设施，其运营者应当使用商用密码对其进行保护，自行或者委托商用密码检测机构开展商用密码应用安全性评估。

2021 年 9 月，《关键信息基础设施安全保护条例》生效，条例中提出关键信息基础设施的安全保护应遵循重点保护、整体防护、动态风控、协同参与的基本原则，建立网络安全综合防护体系。

2022 年 2 月，《网络安全审查办法》生效，要求关键信息基础设施运营者采购网络产品和服务时，应进行网络安全审查。

2022 年 11 月，为更加完善关键信息基础设施保护体系，全国信息安全标准化技术委员会正式发布了首个标准《信息安全技术 关键信息基础设施安全保护要求》，并于 2023 年 5 月 1 日正式实施。《要求》共计 11 章 111 条，明确了关键信息基础设施安全保护工作的主要内容及活动，具体包括分析识别、安全防护、检测评估、监测预警、主动防御和事件处置，可以指导运营者对关键信息基础设施进行全生命周期的安全保护工作。

在等级保护制度的基础上，应施行重点保护，构建关键信息基础设施安全防护体系。重点保护主要体现在两方面：第一是明确重点行业和领域（本节开头处提到的几大行业和领域）；第二是明确重点保护对象（增加了关键业务、关键业务链、数据安全、供应链安全等对象）。关键信息基础设施防护工作有如下三大基本原则。

- 以关键业务为核心的整体防护：关键信息基础设施防护以保护关键业务为目标，对业务所涉及的一个或多个网络和信息系统进行体系化安全设计，构建整体安全防护体系。对主要工作内容实现统一的整合和闭环管理，形成整体安全防护体系，加强关键业务运行所涉及的各类信息的整体安全态势分析，形成整体安全防护能力。

- 以风险管理为导向的动态防护：根据关键信息基础设施所面临的安全威胁态势进行持续监测和安全控制措施的动态调整，形成动态的安全防护机制，及时有效地防范应对安全风险。通过引入自动化技术和工具，实现实时监测、通报预警、事件处置、指挥调度，形成立体化网络安全动态监测能力。

- 以信息共享为基础的共同防护：积极构建相关方广泛参与的信息共享、协同联动的共同防护机制，提升关键信息基础设施应对大规模网络攻击的能力。与国家有关平台对接，实现协同联动和数据共享，做到统一指挥、快速调度，确保关键信息基础设施安全防护可以跨部门、跨行业、跨地域进行。

2.2.2 等级保护 2.0 标准

2007 年，《信息安全等级保护管理办法》（公通字〔2007〕43 号）正式发布，标志着等级保护 1.0 标准的正式启动。等级保护 1.0 标准规定了等级保护需要完成的"规定动作"，即定级备案、建设整改、等级测评和监督检查，为了指导用户完成这些"规定动作"，2008—2012 年间陆续发布了等级保护主要标准，构成了等级保护 1.0 标准体系。

2017 年，《网络安全法》的正式实施标志着等级保护 2.0 标准的正式启动。随着信息技术的发展，等级保护对象已经从狭义的信息系统，扩展为网络基础设施、云计算平台/系统、大数据平台/系统、物联网系统、工业控制系统、采用移动互联技术的系统等，基于新技术和新手段提出新的分级技术防护机制和完善的管理手段是等级保护 2.0 标准必须考虑的内容。

2019—2020年，作为支撑网络安全等级保护2.0标准的新标准GB/T 22240-2020《信息安全技术 网络安全等级保护定级指南》、GB/T 22239-2019《信息安全技术 网络安全等级保护基本要求》、GB/T 25070-2019《信息安全技术 网络安全等级保护设计技术要求》、GB/T28448-2019《信息安全技术 网络安全等级保护测评要求》相继出台。

工业和信息化部委托中国信通院基于GB/T 22239-2019等国家标准，开展了电信网和互联网领域的细化标准制定。相继完成了YD/T 3799-2020《电信网和互联网网络安全防护定级备案实施指南》等一系列行业标准的修订和发布。

电信网和互联网安全防护工作的范围包括由网络运营者（电信业务经营者、互联网域名服务提供者、互联网信息服务提供者）管理和运行的公用通信网、互联网及其组成部分。等级保护标准实施的基本过程如图2-4所示。

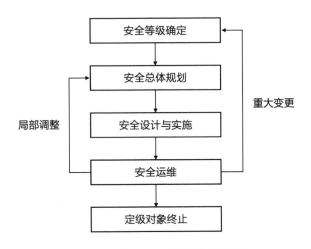

图2-4 等级保护标准实施的基本过程

中国信通院制定的等级保护标准体系可分为三个层级，分别为：总体指导性标准；专业网络标准；公共标准。总体指导性标准主要从理念和框架上进行定义，专业网络标准针对不同网络类型进行详细定义，公共标准则涵盖物理环境、管理、用户信息保护的通用要求，以及对于通用设备和中间件的基线要求，如图2-5所示。

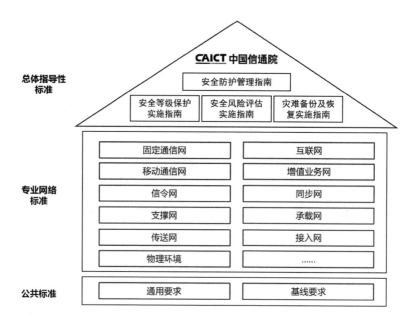

图 2-5 中国信通院等级保护标准体系

2.3 5G 安全防护新范式：ToC+ToB

本章从法律法规、标准建议等方面介绍了国内外对于 5G 安全的防护要求，这些要求是具备法律性、规范性和指导性的，而要求本身也起到了约束和规范 5G 安全建设的作用。但 5G 核心网的安全防护体系要想建立起来，各个安全体系之间该如何关联与配合？指导性的安全要求与实际的落地实施之间是否存在差距？ToC 和 ToB 场景下又有何异同问题需进一步补充描述呢？

在后面的两章中，我们将分别聚焦 ToC 和 ToB 场景下的 5G 安全防护体系，在介绍不同场景的安全风险的同时，针对实际应用中的安全需求提出新的 5G 安全防护范式。

第 3 章

ToC：5G 核心网安全防护

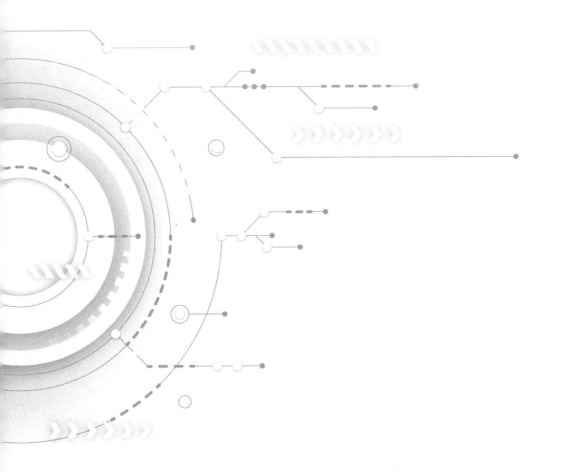

面向广大消费者（ToC）的 5G 核心网，其安全防护的焦点在于，确保始终如一地提供可靠稳定的移动通信服务。

3.1 5G 核心网架构及安全风险分析

3.1.1 5G 核心网业务场景

5G 不仅是最新一代的移动通信网络基础设施，也是未来数字世界的使能者。5G 不是单一的无线接入技术，也不是几种新的无线接入技术的组合。5G 是一个真正的集成网络，可以支持各种新的网络部署。为了通过物理网络满足不同的业务需求，网络在统一的底层物理基础设施上虚拟化生成相应的网络拓扑和网络功能，并为每种特定的业务类型生成一个网络切片。每一个网络切片在物理层面都来自一个统一的网络基础设施，极大地降低了不同类型业务的网络建设成本。从逻辑上讲，切片是相互隔离的，逻辑独立，能满足各类业务功能的定制化需求和独立运维需求。

5G 为了满足多样化的商业需求，主要设计了以下三种业务场景。

- eMBB（Enhanced Mobile Broadband）：增强型移动宽带业务，例如高清视频、虚拟现实/增强现实（VR/AR）。

- mMTC（Massive Machine Type Communication）：海量连接的物联网业务，例如智慧交通、智能电网、智能制造等。

- uRLLC（Ultra Reliable and Low Latency Communication）：超可靠低时延通信业务，例如自动/辅助驾驶和远程控制。

3.1.2 5G 核心网云化架构

为了匹配 eMBB、mMTC、uRLLC 等业务场景的多样化需求，5G 核心网采用了 SBA、SDN、NFV、云原生（Cloud Native）等技术，形成了灵活多样、安全可靠的 5G 核心网云化架构。

为了适配不同服务的需求，5G 网络架构被寄予了非常高的期望。业界专家们也意识到了这个问题，并结合云原生的理念，对 5G 网络架构进行了两个方面的调整：一是将控制平面功能抽象成多个独立的网络服务，希望以软件化、模块化、服务化的方式来构建网络；二是将控制平面和用户平面分离，让用户平面功能摆脱"中心化"的束缚，使其既可以灵活部署于核心网，也可以部署于更靠近用户的接入网。

1. SBA

每个网络服务都和其他服务在业务功能上解耦，并且对外提供服务化接口，可以通过相同的接口向其他调用者提供服务，将多个耦合接口变为单一服务接口，从而减少接口数量。这种架构即 SBA（Service Based Architecture，基于服务的架构）。

SBA 架构的优势具体如下。

- 模块化便于定制：每个 5G 软件功能都由细粒度的"服务"来定义，便于定制及编排。

- 轻量化易于扩展：接口基于互联网协议，采用可灵活调用的 API 交互，对内能降低网络配置及信令开销，对外能提供能力开放的统一接口。

- 独立化利于升级：服务可独立部署及进行灰度发布，使得网络功能可以快速升级，还能引入新功能。服务可基于虚拟化平台快速部署和弹性扩缩容。

在基于 SBA 的架构下，控制平面的各个网元摒弃了传统的点对点通信方式，采用了基于服务化的串行总线接口 SBI（Service Based Interface）协议，传输层协议统一采用 TCP，应用层携带不同的服务消息。应用到每个网元上即形成服务化接口间的通信，如图 3-1 所示。因为底层的传输方式相同，所以所有的服务化接口都可以在同一总线上进行传输，这种通信方式可以理解为总线通信方式的一种。

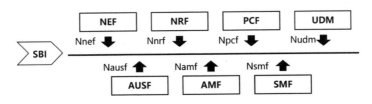

图 3-1 服务化接口间通信

所谓的"总线"在实际部署中其实是一台或几台路由器。与 4G 网络中的 DRA 不同，DRA 本身是感知 3GPP 层协议的，如基于用户的号段、签约信息等对 3GPP 层消息进行转发，但 5G 服务化架构中的控制平面"总线"只进行基于路由器 3/4 层协议的消息转发，不会感知高层的协议。

在 5G 中，协议提供了两种形式的参考点：一种是基于服务化接口的参考点，例如控制平面网元之间的交互关系；一种是基于传统点对点通信的参考点，例如网元与无线网络及外部数据网络连接时的交互关系。图 3-2 展示了在漫游场景下包含服务化接口和非服务化接口的 5G 系统架构。

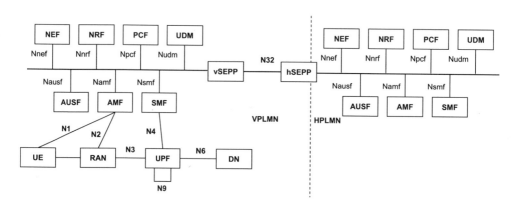

图 3-2 漫游场景下的 5G 系统架构

5G 核心网主要网元及其关键功能如表 3-1 所示。

表 3-1 5G 核心网主要网元及其关键功能

网元名称	网元功能
AMF（Access and Mobility Management Function）	接入和移动管理功能，继承 MME 中 NAS 的接入控制功能
SMF（Session Management Function）	会话管理功能，负责用户会话的管理和控制，继承 MME、SGW-C、PGW-C 的会话管理功能（SGW-C、PGW-C 表示控制平面的 SGW 和 PGW）
UPF（User Plane Function）	用户平面功能，负责用户平面分组数据的路由转发等，继承 SGW-U 和 PGW-U 的用户平面功能

续表

网元名称	网元功能
UDM（Unified Data Management）	统一数据管理，负责用户识别、访问授权、注册、移动、订阅、短信管理等，继承 HSS 的功能
PCF（Policy Control Function）	策略控制功能，为控制平面提供策略控制规则，继承 PCRF 的功能
AUSF（Authentication Server Function）	鉴权服务功能，进行鉴权，继承 HSS 中的鉴权功能
NRF（Network Repository Function）	网络存储功能，提供服务注册及服务间互相找到对方的 IP 地址进行通信的功能，比如 SMF 要和 AMF 通信，就要通过 NRF 找到这个 SMF 对应的 AMF，类似于 IT 领域的 DNS 的功能
NEF（Network Exposure Function）	网络开放功能，开放各个网元的能力，转换内外部信息
NSSF（Network Slice Selection Function）	网络切片选择功能，根据 UE 的切片选择辅助信息、签约信息等确定 UE 允许接入的网络切片实例
SEPP（Security Edge Protection Proxy）	安全边缘保护代理，作为 5G 网络架构定义的网间互通网元，用于 5G 漫游场景，提供漫游接口安全对接能力及接入与访问控制能力

5G 核心网与周边系统及设备间的通信通过接口定义，主要接口如表 3-2 所示。

表 3-2 5G 核心网主要接口

接口名称	接口功能
N1 接口	N1 接口是 UE 与 AMF 的接口。用于 UE 和 AMF 间 NAS（non-Access Stratum）信令消息的传输。N1 接口为逻辑通道，实际并没有这条转发通道，需要通过基站透传实现。根据内容的不同，NAS 信令可分为移动 NAS 信令 NAS-MM、会话 NAS 信令 NAS-SM、短信 NAS 信令 SMS、其他应用 NAS 信令等。其中 AMF 只处理 NAS-MM，其他 NAS 信令会通过 AMF 经总线传递给对应的网元
N2 接口	N2 接口是 RAN（Radio Access Network）与 AMF 间的接口，用于 RAN 和 AMF 间的消息传输
N3 接口	N3 接口是 RAN 和 UPF 之间的接口，主要用于传递 RAN 与 UPF 间的 GTP-U 消息。GTP-U 消息利用隧道协议在骨干网的 GSN 间传输用户数据，使用隧道协议传输数据，屏蔽上层协议的影响，同时提供会话级的双向快速传输通道

续表

接口名称	接口功能
N4 接口	N4 接口是 5G 网络下 SMF 和 UPF 之间的接口。作为 SMF 和 UPF 之间的"沟通桥梁"，N4 接口承担了两者之间所有的信息交互任务。N4 接口的顶层协议采用 3GPP 标准定义的 PFCP，即 SMF 与 UPF 间的数据转发协议。通过该接口，SMF 可以向 UPF 下发用户会话信息和控制信息，UPF 可以向 SMF 上报事件
N6 接口	N6 接口是 UPF 和 DN 之间的接口，用于用户访问 DN 网络。N6 接口是基于 IP 地址和路由协议与 DN 网络互通的，用于在 UPF 与 DN 之间传递上行、下行用户数据流
N9 接口	N9 接口作为不同 UPF 之间的用户平面接口，用于传递用户上行、下行数据流。SMF 下发给 UPF 的 PDR 中的 FAR，会携带要转发的目的 UPF 地址。通过该地址可实现用户数据在 UPF 间的路由转发
Namf 接口	Namf 接口是 AMF 为其他网元提供服务的接口。AMF 通过 Namf 接口向其他网元提供的服务如下。 Namf_Communication：网元通过此服务与 UE、RAN 通信。 Namf_EventExposure：此服务使网元能够为自己或其他网元订阅事件通知。 Namf_MT：此服务允许网元请求向目标 UE 发送 MT 信令或与数据能力相关的信息。 Namf_Location：此服务用于网元服务消费者请求 AMF 发起定位，并提供位置信息
Nsmf 接口	Nsmf 接口是 SMF 为其他网元提供服务的接口。SMF 通过 Nsmf 接口向其他网元提供的服务如下。 Nsmf_PDUSession：管理 PDU 会话，使用从 PCF 接收的策略和计费规则。此服务运行在 PDU 会话上，提供的服务操作允许消费者网元建立、修改和释放 PDU 会话。 Nsmf_EventExposure：此服务将 PDU 会话上发生的事件公开给消费者网元
Nnrf 接口	Nnrf 接口是 NRF 的服务化接口，基于此接口，NRF 可为其他网元提供服务。接口基于互联网协议，采用可灵活调用的 API 交互。NRF 通过 Nnrf 接口向其他网元提供的服务如下。 Nnrf_NFManagement：允许网元实例属性在所属 PLMN 的 NRF 上注册、更新。 Nnrf_NFDiscovery：允许网元实例通过查询本 PLMN 的 NRF 发现其他网元提供的 NFS。允许 PLMN 内的 NRF 向其他 PLMN（如某特定 UE 所在的 PLMN）内的 NRF 重新发起发现请求。 Nnrf_AccessToken：用于 OAuth 2.0 授权，遵循"Client Credentials"授权粒度，公开了一个 Token Endpoint，其中，消费者网元可以请求 Access Token Request 服务

续表

接口名称	接口功能
Nnssf 接口	Nnssf 接口是 NSSF 为其他网元提供服务的接口。NSSF 提供的服务如下。 Nnssf_NSSelection：此服务用于网络切片选择，应用在 AMF 重分配注册流程、UE 配置更新流程、SMF 选择流程。 Nnssf_NSSAIAvailability：此服务用于消费者网元（如 AMF）在 NSSF 上更新 AMF 支持的 S-NSSAI，以及订阅和取消订阅每个 TA 下的 NSSAI 时，对可用性信息的变化进行通知

2. SDN

SDN（Software Defined Network，软件定义网络）是一种网络架构，其主要目标是使网络管理和配置更加集中化，简化网络设备的硬件性能，以实现网络的灵活性和可扩展性。在 SDN 架构中，网络控制平面与数据平面分离，使控制器在整个网络中的位置更关键。通过将网络控制集中到一个控制器上，允许网络管理员对网络设备进行更精细的管理，以满足应用程序不断变化的需求，这种方式有助于提高网络互操作性、弹性和可扩展性。如图 3-3 所示，SDN 架构可分为基础设施层、控制层和应用层。

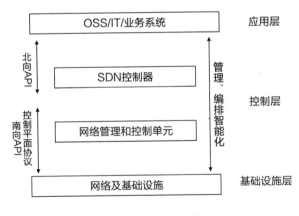

图 3-3　SDN 架构

- 基础设施层：网络及基础设施，主要为转发设备，例如数据中心交换机，实现转发功能。

- 控制层：网络管理和控制单元，主要由 SDN 控制器组成，可通过标准化协议与转发设备通信，实现对基础设施层的控制。

- 应用层：OSS、IT、业务系统，常见的是基于 OpenStack 架构的云平台。

SDN 通过 API 来进行层与层之间的通信，分为北向 API 和南向 API。北向 API 负责应用层和控制层之间的通信，南向 API 负责基础设施层和控制层之间的通信。

当前主流的 SDN 架构中保留了传统硬件设备上的操作系统和基础的协议功能，通过控制器收集整个网络中的设备信息，具有如下优点。

- 网络可编程：网络设备提供应用编程接口 API，使得开发人员和管理人员能够通过编程语言向网络设备发送指令。网络工程师可以使用脚本自动化创建和分配任务，收集网络统计信息。将基于 CLI 与 SNMP 的封装脚本变为实实在在的可编程对象，提供更丰富的功能。

- 网络抽象化：控制器作为中间层，通过南北向 API 与基础设施和应用程序进行交互，将底层的硬件设备抽象为虚拟化的资源池，应用和服务不再与硬件紧密耦合。

- 降低成本：保留了原有的网络设施，硬件设备仍然具备管理、控制、转发的全部功能，方便进行网络改造，无须进行大规模搬迁。控制器的引入将人工配置转变为机器配置，提升了运维效率，降低了运维成本。

- 业务灵活调度：传统的硬件设备在网络中无法进行灵活的负载分担，最优路由上往往承担着最重的转发任务，即使 QoS、流量控制等功能缓解了这一问题，但流量的调度仍然强依赖于管理员对单台设备的配置，因此我们可以将传统的硬件设备看作一种孤岛式的、分布式的管理模式。SDN 在没有改变硬件设备整体逻辑的基础上，通过增加开放的南北向 API，实现了对计算机语言到配置命令行的翻译，使界面式管理、集中管理变成了可能，解决了传统网络业务调度不灵活的问题。

- 集中管理：传统网络设备的管理是分布式的，单台网络设备不感知整个网络的状态。网络管理员使用控制器来管理底层硬件设备、编排网络业务、分配网络资源和调整流量优先级，可以直接感知整个网络的状态，及时调整带宽和优化策略，便于进行整网管理。

- 开放性：SDN 架构支持供应商开发自己的生态系统，开放的 API 支持云编排、OSS/BSS、SaaS 等多种应用程序，同时可以通过 OpenFlow 协议控制多个供应商的硬件。

3. NFV

NFV（Network Functions Virtualization，网络功能虚拟化）是一种将网络功能部署在虚拟化资源池上并进行管理的技术。通过虚拟化技术实现软硬件解耦，将传统的 CT 业务部署到云平台上，可以使之具备网元自动部署、弹性伸缩、智能运维等云化特征。

虚拟化侧重于对底层硬件资源进行虚拟化处理，屏蔽物理实现，上层应用使用虚拟资源时不关心资源的具体物理形态。当前，全球绝大部分运营商使用 ETSI 标准的 NFV 建设电信云资源池。ETSI NFV 标准成为全球运营商的统一共识，持续演进保持技术先进性，经过 10 年的发展，ETSI NFV 已经发布了 100 多个标准文档，围绕 ETSI 持续引入云原生、自动化、AI/ML 等先进技术。

NFV 架构如图 3-4 所示。

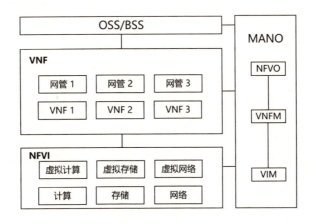

图 3-4　NFV 架构

- OSS/BSS：服务供应商的管理功能，不属于 NFV 框架内的功能组件，但 MANO 和网元需要提供对 OSS/BSS 的接口支持。

- ○ VNF：虚拟机及部署在虚拟机上的业务网元、网络功能软件等。

- ○ NFVI：NFV 基础设施，包括硬件及软件，为 VNF 提供运行环境。

- ○ MANO：NFV 管理和编排。包括 VIM、VNFM 及 NFVO，提供对 VNF 及 NFVI 层的统一管理和编排功能。

  - NFVO：实现对整个 NFV 基础架构、软件资源、网络服务的编排和管理。

  - VNFM：VNF 管理模块，主要对 VNF 的生命周期（实例化、配置、关闭等）进行控制。

  - VIM：NFVI 管理模块，通常运行于对应的基础设施中，主要功能包括资源的发现、虚拟资源的管理与分配、故障处理等。

在发展前期，NFV 的重点是虚拟化，如软硬件解耦、虚拟化网元自动化部署、虚拟化基础设施建设与管理。

SDN 与 NFV 都是一种网络架构，两者的相似之处在于，都是为了实现网络的虚拟化，可以将硬件设备作为资源池来管理，提升了网络管理和编排的效率，且希望通过统一的方式来进行网络管理。SDN 与 NFV 的对比如表 3-3 所示。

表 3-3 SDN 与 NFV 的对比

分类	SDN	NFV
目标	将网络的转发平面与控制平面解耦，实现网络硬件可编程，便于集中管理	将网络功能和硬件设备解耦，使用统一的硬件来取代定制的设备
关键点	硬件负责转发，软件负责决策	网络功能不再依赖特定的硬件
起源	园区和数据中心网络	运营商
应用	优化网络基础设施	优化网络功能
标准	ONF	ETSI
用途	进行灵活、智能的网络流量控制	高效配置、灵活部署、降低 OpEx 和 CapEx

4. 云原生

不同于传统的电信业务，5G 时代要求网络具备快速上线的能力，以实现对不同行业业务诉求的快速响应。灵活多样的业务场景和极短的产品上市周期（TTM），需要敏捷和灵活的开发模式，因此需要借鉴云原生的设计和实现理念，迎接 5G 新业务带来的挑战。

云原生的定义和演进由云原生计算基金会（Cloud Native Computing Foundation，CNCF）主导。CNCF 是一个孵化运营云原生生态的中立组织，其对云原生的认知是：云原生技术使组织能够在公有云、私有云和混合云等现代动态环境中构建和运行可扩展的应用程序。容器、服务网格、微服务、不可变基础设施和声明式 API 就是这种方法的例证。这些技术实现了弹性、可管理和可观察的松耦合系统。结合强大的自动化特性，它们允许工程师以最少的辛劳频繁且可预测地进行影响较大的更改。

相较于 NFV 将硬件资源转为虚拟化的形态，云原生技术充分利用了云计算的弹性、敏捷、资源池化和服务化的特点，从而更好地解决了业务在整个生命周期中遇到的问题。例如，传统业务应用存在着升级缓慢、架构臃肿、无法快速迭代的问题，在使用了无状态设计、分布式存储、服务解耦、轻量虚拟化（容器技术）的云原生技术后，这些问题都会得到很好的解决。

- 无状态设计：业务处理（应用）和存储（后台数据库）分离，将业务状态和会话数据从业务处理单元中分离出来，并存储在独立的数据库中，实现业务处理单元的无状态设计，使得业务处理单元可以任意弹性伸缩，从而应对突然增加的业务需求。同时，如果处理逻辑单元故障，则可以通过数据服务快速获取会话的数据/状态，包括正在进行的会话，从而不影响应用对外提供服务，保证业务的连续性。

- 分布式存储：通过内部协议约定，将要求保存的文件同时写入多台机器，这样文件也有了多个备份，从而解决了一台机器出故障数据就丢失的问题。通过分布式存储，利用多台存储服务器分担存储负荷，不但能提高系统的可靠性、可用性和存取效率，还易于扩展。

- 服务解耦：例如将身份接入、身份认证、会话管理、移动管理等进行功能解耦拆分，拆分之后的每个系统都可以单独部署，业务简单，方便扩容，同时可以通过模块灵活组合来实现新业务快速上线。

- 轻量虚拟化（容器技术）：在上述关键技术下，原有的单体应用被解构成多个小型的微服务模块，在虚拟化环境下，这些模块的资源载体也要相应地变得更加轻量化，这样才能在流量激增时快速部署，快速扩容。

如图 3-5 所示，相对于传统的虚拟化技术，容器技术不需要进行硬件虚拟化及运行完整的操作系统，所以容器对系统资源的利用率更高，并且启动速度更快。传统的虚拟化技术启动应用服务往往需要数分钟，而容器由于直接运行于宿主内核，无须启动完整的操作系统，因此可以做到秒级启动，甚至毫秒级启动，大大节约了开发、测试、部署的时间。

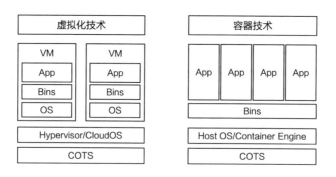

图 3-5　虚拟化技术与容器技术

从现实业务角度来看，5G 需要面向多业务，需要提供更灵活的业务保障（包括资源需求及功能需求），云原生可以从资源上保障服务的灵活性，同时在容器内将服务分解为微服务，把功能分解为更小的块，便于小部分替换、平滑升级，以及在线动态升级。

从产品实现层面来看，通用资源，比如数据库、负载均衡、微服务可以根据功能需要进行灵活组装，云原生技术具备这些功能。

从业务层面来看，按照业务层需求灵活组装鉴权、接入控制、实施 QoS 保障等 5G 标准已经定义，将现实业务的灵活性和产品实现的灵活性组合起来，才能按需为业务提供灵活性。

下面我们将进一步介绍云原生技术的优势特点。

（1）无状态设计

将业务处理单元和存储节点进行分离，计算节点不再保存用户状态信息，只负责对到来的信令进行处理。而在业务处理单元前端，需要负责业务报文分发和数据平面消息负载均衡。如图3-6所示，分布式数据库、无状态的业务处理单元，以及分布式负载均衡，形成了三层云化的优化VNF架构。

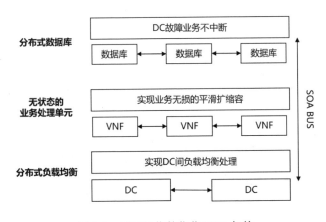

图3-6　三层云化的优化VNF架构

利用这样的架构，当单个业务处理节点故障时，业务消息将被负载均衡分发到其他状态正常的业务处理节点，新的业务处理节点与后台数据库交互将获得用户状态，此时仍然可以正常处理用户的业务消息，也可以处理任何处在初始态或中间态的用户的业务消息。

（2）分布式存储

分布式存储可以按照图3-7来简单理解，数据服务通过部署多个实例进行分布式备份，支持多点并发处理和多点故障容错。

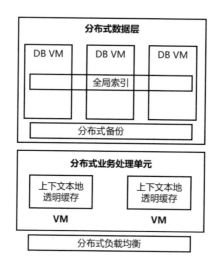

图 3-7　电信级分布式存储

（3）服务解耦

5G 业务从单体式应用架构拆解为多个独立的模块，模块之间彼此弱耦合，基于开放 API，以服务化方式通信，由服务治理框架进行管理（服务模块注册、发现，编排管理），通过服务化模块的灵活组合、独立升级，支持新业务快速上线。图 3-8 从 3GPP 标准定义层面展示了 5G 服务化架构。

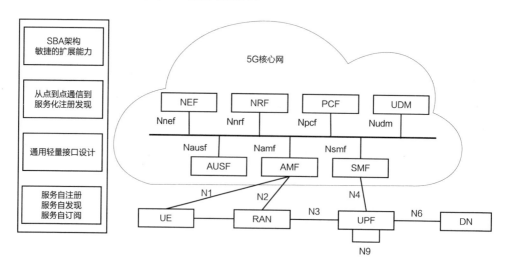

图 3-8　3GPP 标准定义的 5G 服务化架构

基于云原生理念的服务化架构，通过积木式组合服务，可以构建更适合面向 5G 灵活多变特性的业务，如图 3-9 所示。

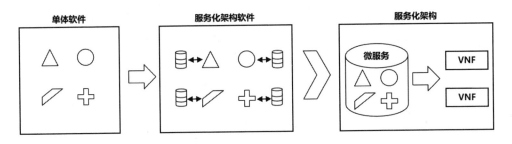

图 3-9　基于云原生理念的服务化架构

（4）轻量虚拟化（容器技术）

和 IT 应用一样，由于单体式应用被解构成多个服务化模块，因此在虚拟化环境下，这些模块的资源载体相应地也会发生变化。基于容器来部署，容器比 VM 颗粒度更小、更轻量级、更灵活，用的资源更少，便于在大流量场景下进行快速部署和快速扩容。

如图 3-10 所示，从虚拟机到容器，再到逐渐出现的新兴技术，未来可以根据业务需求来选择使用哪种载体部署服务，或者使用混合技术进行部署。

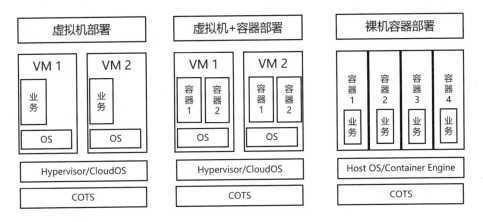

图 3-10　基于云原生的灵活部署模式

（5）自动化的生命周期管理

随着无状态设计和服务解耦的应用，以及容器技术的引入，在获得敏捷能力的同时，管理对象（服务化模块）也在增加，从业务组件到资源层的映射也变得更加复杂。同时，服务化模块迭代更快，生命周期更短，需要更加频繁地发布、上线、监控、升级。

基于此，人工运维方式已经无法适应这种变化，自动化的生命周期管理则成为刚需。另外，运营商关心的是业务本身而非具体实现，因此业务自身的管理（配置、告警等）不应因业务解耦而变得更复杂，而应该在网管基础上完成聚合，以业务特性而非（微）服务的形式对客户入口进行管理。此外，应该引入闭环管理机制，通过持续监控业务的运行状态，基于大数据分析触发自动策略控制，持续优化网络业务，提升效率。

3.1.3　5G 核心网安全风险分析

通过引入 SBA、SDN、NFV、云原生等技术，5G 业务的部署、维护和演进变得更加容易。但新技术也不可避免地带来了新的安全威胁。本节将结合 5G 移动通信的业务诉求和新技术的特点，分析云化之后的 5G 核心网的安全风险。

5G 核心网新技术引发的安全风险如图 3-11 所示。

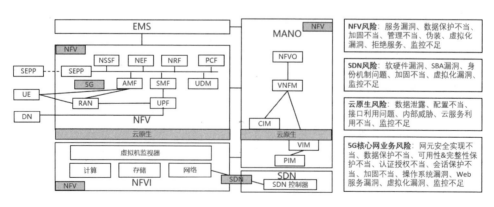

图 3-11　5G 核心网新技术引发的安全风险

5G 云化架构面临的恶意行为如表 3-4 所示。这些恶意行为带来的风险在各个体系的安全设计过程中都会被着重考虑，但无法避免地会因新技术的发展而产生设计遗留，从而导致现有的安全防护机制失效或者被利用，这种会导致现有防护机制失效的风险被称为内生风险。

表 3-4 5G 云化架构面临的恶意行为

恶意行为	恶意行为风险	影响	影响范围
篡改配置	路由表篡改、核心网配置数据篡改、DNS 篡改、安全数据篡改、网络数据篡改、操作系统服务篡改	信息完整性、信息破坏、服务可用性	SDN/NFV、5G 核心网业务、内生
软硬件漏洞利用	0Day 漏洞利用、滥用 API、API 漏洞利用、软件篡改、系统劫持	信息完整性、信息破坏、服务可用性	SDN/NFV、5G 核心网业务、云原生、内生
拒绝服务	分布式拒绝服务、泛洪攻击、干扰	服务可用性	SDN/NFV、5G 核心网业务、云原生、内生
远程访问利用	远程访问会话劫持、远程访问移动管理劫持	系统完整性、信息机密性	SDN/NFV、云原生、内生
恶意代码	注入攻击、rootkit、病毒、僵木蠕、勒索、恶意网络功能	服务可用性、信息完整性、信息破坏	5G 核心网业务、云原生、内生
滥用远程访问	滥用网络产品的外部远程访问	信息完整性、系统完整性、信息机密性、持久化	SDN/NFV、5G 核心网业务、内生
滥用信息泄露	泄露网络数据、云计算数据、安全密钥、用户平面数据、信令数据	信息机密性、信息破坏、信息完整性	5G 核心网业务、内生
滥用认证	大量认证流量、第三方滥用认证数据、滥用 AMF 认证过程	信息破坏、信息完整性、服务可用性、初始访问、持久化	5G 核心网业务、内生
篡改软硬件	篡改硬件设备、篡改 MANO、内存扫描、侧信道攻击、伪基站、软件后门	信息破坏、信息完整性、服务可用性	SDN/NFV、5G 核心网业务、云原生、内生
数据泄露和篡改	网络产品日志篡改、关键文件篡改、文件权限利用、泄露客户数据、盗窃个人信息	信息机密性、信息破坏、信息完整性	5G 核心网业务、内生

续表

恶意行为	恶意行为风险	影　响	影响范围
未授权行为和网络入侵	IMSI 抓取、横向移动、暴力破解、端口扫描	信息完整性、系统完整性	5G 核心网业务、内生
身份欺诈	身份盗窃、身份伪造、IP 地址伪造、MAC 地址伪造	服务可用性、信息破坏、信息完整性	5G 核心网业务、内生
供应链攻击	三方人员进入运营商设施、部署工具篡改、配置工具篡改、源码篡改、升级过程篡改	服务可用性、信息完整性、信息破坏、初始访问	SDN/NFV、5G 核心网业务、云原生、内生
虚拟化技术利用	绕过网络虚拟化、滥用虚拟机资源、篡改虚拟机、数据威胁、容器镜像植入、容器镜像后门、滥用计算资源	服务可用性、信息完整性、信息破坏	SDN/NFV、5G 核心网业务、云原生、内生
信令威胁	信令风暴、信令欺诈	服务可用性、信息完整性、信息破坏	5G 核心网业务、内生
通信破坏	流量篡改	信息完整性、信息破坏	SDN/NFV、内生

1. 5G 核心网业务风险

5G 核心网的功能和安全要求在 3GPP 的系列标准中有着完整定义，针对 5G 核心网业务的安全风险主要产生自没有正确实现的风险消减措施。由于风险数量较多，为了保证可读性，在本节中，我们对每个组件的风险分组进行介绍。

表 3-5 提供了 5G 核心网业务风险的详尽视图。

表 3-5　5G 核心网业务风险

风　险	描　述	涉及网元/资产	风险分类
网元安全功能缺陷	AMF 安全功能实现缺陷	AMF	设计缺陷利用、软硬件漏洞利用、认证利用、数据窃取和泄露、身份欺诈、信息泄露
	UPF 安全功能实现缺陷	UPF	
	UDM 安全功能实现缺陷	UDM	
	SMF 安全功能实现缺陷	SMF	
	SEPP 安全功能实现缺陷	SEPP	
	NEF 安全功能实现缺陷	NEF	
	NRF 安全功能实现缺陷	NRF	

续表

风险	描述	涉及网元/资产	风险分类
5G 核心网网元的共性风险	SBI 缺陷	使用 SBI 的 5G 核心网网元	设计缺陷利用、认证利用、数据窃取和泄露、篡改配置
	数据和信息保护不当	所有 5G 核心网网元	数据窃取和泄露、身份欺诈、供应链攻击、软硬件漏洞利用
	可用性和完整性保护不当		设计缺陷利用、软硬件漏洞利用、软硬件篡改
	认证和授权机制存在漏洞		拒绝服务、认证利用、数据窃取和泄露、供应链攻击
	会话保护机制不合理		认证利用、身份欺诈、数据窃取和泄露
	监控机制不足或不合理		所有风险类型
	操作系统存在漏洞		恶意代码、拒绝服务、远程控制利用、认证利用、软硬件漏洞利用、软硬件篡改、网络入侵、数据窃取和泄露
	Web 服务器存在漏洞		恶意代码、拒绝服务、远程控制利用、认证利用、软硬件漏洞利用、软硬件篡改、网络入侵、数据窃取和泄露
	网络设备存在漏洞		恶意代码、拒绝服务、远程控制利用、认证利用、软硬件漏洞利用、软硬件篡改、网络入侵、篡改配置
	加固不当		恶意代码、拒绝服务、远程控制利用、认证利用、软硬件漏洞利用、软硬件篡改、网络入侵、篡改配置、数据窃取和泄露

（1）网元安全功能缺陷

网元安全功能缺陷如下。

- ❏ AMF 安全功能实现缺陷：认证和密钥协商过程执行不正确；安全模式命令过程执行不正确；系统内移动性机制执行不正确；5G GUTI 分配过程执行不正确；无效或不可接受的 UE 安全能力处理执行不正确。

- UPF 安全功能实现缺陷：用户平面数据保护不正确；信令数据保护实施不正确；无法为会话分配唯一的 TEID。

- UDM 安全功能实现缺陷：同步失败处理执行不正确；保护 SUCI 解除隐藏不正确；UDM 身份认证状态处理不正确。

- SMF 安全功能实现缺陷：用户平面安全策略处理不正确；用户平面安全策略检查不正确；唯一计费 ID 分配不正确。

- SEPP 安全功能实现缺陷：端到端核心网互联安全实施不正确；加密材料处理实施不正确；加密材料处理超出连接特定范围；保护策略不匹配处理实施不正确。

- NEF 安全功能实现缺陷：对应用程序功能没有认证；对北向 API 没有授权。

- NRF 安全功能实现缺陷：网元发现没有特定于切片的授权。

（2）5G 核心网网元的共性风险

5G 核心网网元的共性风险如下。

- SBI 缺陷：传输层保护不当；认证机制不当；服务访问授权机制易受攻击。

- 数据和信息保护不当：将机密系统内部数据泄露给用户和管理员；存储中的数据和信息保护不当；传输中的数据和信息保护不当；未能记录对个人数据的访问。

- 可用性和完整性保护不当：对过载情况的处理不当；不受限制地启动内存设备；处理意外输入的弱点；网络产品软件包完整性验证机制缺乏/不当。

- 认证和授权机制存在漏洞：不正确的身份认证策略；不安全/不充分的身份认证属性；不安全的密码策略；对管理/维护接口的不安全的身份认证机制；无法阻止连续失败的登录尝试；不安全的授权和访问控制机制。

- 会话保护机制不合理：缺少注销功能；缺少不活动超时机制。

- 监控机制不足或不合理：安全事件记录不充分；日志未传输到集中存储设备中；安全事件日志文件保护不当。

- 操作系统存在漏洞：可用性和完整性保护机制不当/不充分；身份认证和授权机制不当。

- Web 服务器存在漏洞：无法加密 Web 客户端和 Web 服务器之间的通信；无法记录 Web 服务器的活动； HTTP 用户会话保护不正确； HTTP 输入验证不正确。

- 网络设备存在漏洞：数据和信息保护机制不当；可用性和完整性保护机制不当。

- 加固不当：不必要或不安全的服务/协议；不受限制的服务可访问性；存在未使用的软件、功能、组件；特权用户不受限制的远程登录；过多的文件系统授权权限；易受攻击的操作系统配置；易受攻击的 Web 服务器配置；流量分离不当；5G 核心组件加固不当。

2. 网络切片风险

在对网络切片的安全考虑中，我们发现了以下几个方面的风险。

- 安全即服务：虽然切片通过分段提供固有的安全性，但其也可以用于提供特定于用例和客户需求的附加安全防护机制和安全服务。对于用例切片安全的实施，具体取决于其服务策略、市场环境及与垂直用例的关系。这可能是风险的来源，需要针对每个特定的实现进行检查。

- 资源隔离：虽然网络切片提供了在各种场景中使用的隔离能力，但隔离机制必须适配特定的用例。特定用例的安全需求将是选择适当隔离机制的重要考虑因素。

- 安全管理和编排：从商业模式的角度来看，网络切片 MANO 的架构具有挑战性。这种高度的复杂性和灵活性带来了更高的安全风险。由于服务管理请求授权的 3GPP 规范尚未确定，因此可能会出现实现缺陷。

- 信任模型：各种 5G 运营模型对 MNO 能力的信任建立必须基于特定的 API。需要评估这些 API 是否足够用于所有已定义的操作模型中，以及将如何使用它们，以避免管理功能中的漏洞。

除了这些风险领域，我们还总结了有关虚拟化漏洞，以及与软件和硬件维护、加固相关的通用漏洞等风险，如表 3-6 所示。

表 3-6　网络切片风险

风　　险	描　　述	涉及网元/资产	风险分类
切片安全功能实现中的漏洞	需要以标准化的方式保护切片协商过程中的漏洞，以防止恶意攻击	NSSF	设计缺陷利用、认证利用
网络切片管理中基于服务的漏洞	应保护网络切片管理界面，以便只有授权方才能创建、更改和删除网络切片实例	NSSF	设计缺陷利用、信息泄露、认证利用、数据窃取和泄露、篡改配置
对数据和信息的不当保护	需要充分的安全控制来保护 NSI 存储、处理和传输的敏感数据	NSSF	信息泄露、软硬件篡改、数据窃取和泄露
网络切片管理中的身份认证和授权机制存在漏洞	在没有适当的认证和授权及授权检查的情况下，不应使用系统功能	NSSF	认证利用、远程控制利用
网络切片组件加固不当	所有 5G 组件，包括服务化架构中的网络功能，都应该加固，以减少各自的漏洞	所有 5G 核心网网元	恶意代码、拒绝服务、远程控制利用、认证利用、软硬件漏洞利用、软硬件篡改、网络入侵、篡改配置、数据窃取和泄露
相关网络切片组件虚拟化漏洞	虚拟化层的漏洞可能导致未经授权即访问数据等风险	所有 5G 核心网网元	虚拟化技术利用
网络切片实例（NSI）监控机制不足或不合理	应建立适当的安全事件收集和处理机制	所有 5G 核心网网元	所有风险类型

3. SDN 风险

（1）SDN 应用层风险

SDN 应用层面临的主要风险如下。

- 欺骗：攻击者伪装成 SDN 控制器，获取 SLA、用户数据（如用户身份、凭证）或业务逻辑，用于未来的攻击。

- 抵赖：用户或管理员在实施恶意网络策略（例如，复制特定流量并将其转发到恶意服务器）时，可能声称他没有实施此类网络策略。

- 信息泄露：攻击者可以获取用户凭证，然后伪装成合法用户，通过 SDN 应用向网络注入伪造的流量。

- 应用安全漏洞：SDN 应用存在代码漏洞，攻击者可以利用 SDN 应用所拥有的资源（如 SLA、用户数据、业务逻辑等）进行进一步的攻击，例如滥用 SDN 网络资源或重新配置 SDN 网络。来自第三方的恶意应用或不受信任的应用可以伪装成合法的 SDN 应用来访问应用资源。

（2）SDN 控制层风险

SDN 控制层面临的主要风险如下。

- 流规则冲突：恶意流将绕过安全检测，与预先配置的安全策略冲突，对 SDN 控制器造成负面影响。

- 虚假流规则插入：攻击者可以劫持 SDN 应用，发送一些虚假流规则来窃听数据。

- 欺骗：攻击者可能会冒充管理员或 SDN 应用程序来删除或修改敏感数据。例如，从 SDN 控制器中获取网络拓扑信息和路由信息，甚至完全控制网络 SDN 控制器。或者，攻击者可以伪造 SDN 控制器的地址来控制整个网络。此外，攻击者可以创建一个假的 SDN 交换机，通过观察 SDN 控制器如何响应由假 SDN 交换机生成的数据包来执行网络侦察。

- DoS 攻击：当 SDN 交换机遇到没有流规则的流量时，它会向 SDN 控制器咨询并为相同类型的流量制定流规则。因此，攻击者可以创建欺骗流量，对 SDN 控制器进行 DoS 攻击。受欺骗的 SDN 交换机还可能使用不可管理的流量在 SDN 控制器上创建 DoS 攻击，使其陷入困境。

- 阻断攻击的延迟：通常会将网络策略转换成流表项，定期批量发送到 SDN 交换机，以提高系统性能。目前 SDN 控制器不支持实时阻断攻击，也不支持自动识别哪些安全策略需要无延迟操作。因此，安全攻击持续的时间会更长，影响程度也会更大。

- 抵赖：管理员或 SDN 应用程序在流表中插入恶意流规则进行内部攻击，可能声称自己没有这样做。

- 信息泄露：攻击者可能获得敏感的系统信息（如配置数据、用户凭证），以便将来进行攻击。

- 操作系统中的漏洞：SDN 控制器运行在某种形式的操作系统上。如果 SDN 控制器在通用操作系统上运行，则该操作系统的漏洞将成为 SDN 控制器的漏洞。攻击者可能利用操作系统的漏洞，如默认密码、后门账号、打开的门，来破坏或替换操作系统及操作系统的组件，这将严重影响 SDN 控制器。

- 软件漏洞：SDN 控制器作为软件平台运行，通用软件的漏洞将变成 SDN 控制器的漏洞。软件漏洞是软件构造中的缺陷、弱点，甚至错误，攻击者可以利用这些漏洞来改变 SDN 网络的正常行为或重新配置整个网络，以进行进一步的攻击。

- 硬件故障：一种安全威胁，代表着硬件的一般故障。该故障较为常见。

（3）SDN 基础设施层风险

SDN 基础设施层面临的主要风险如下。

- 欺骗：攻击者可能会冒充管理员或 SDN 控制器，从 SDN 交换机中删除或修改敏感数据（如配置数据、流表），或获取流表中的流表项等敏感信息。

- 窃听：攻击者可以窃听 SDN 交换机之间的流量，以查看正在使用的流量、允许通过网络的流量，以及正在传输的数据内容。

- 信息泄露：攻击者可能获得敏感的系统信息（如流表、配置数据等），以便将来进行攻击。

第 3 章　ToC：5G 核心网安全防护

- 流表溢出：典型的 SDN 交换机的流表容量相当有限，流表容量瓶颈将导致潜在的流表溢出。因此，攻击者可能覆盖合法的流规则，或者进行 DoS 和泛洪攻击，甚至进行推理攻击。

- 抵赖：管理员或 SDN 控制器可能会做出错误的配置决定，随后声称自己没有进行此类攻击。

SDN 风险的详细内容如表 3-7 所示。

表 3-7　SDN 风险

风险	描述	风险分类
SDN 安全功能实现中的漏洞	SDN 控制层缺乏支持防止流规则冲突的功能，以避免强制网络策略被绕过	篡改配置
SDN 组件 SBA/SBI 漏洞	网络功能中基于服务的接口应该为访问和传输中的数据提供充分的保护	设计缺陷利用、信息泄露、认证利用、数据窃取和泄露、篡改配置
SDN 组件的身份认证和授权机制存在漏洞	在没有进行适当的身份认证和授权检查的情况下，不应使用 SDN 控制器	认证利用、远程控制利用、软硬件篡改、网络入侵
SDN 组件加固不当	所有 SDN 组件都应该加固，以减少它们各自的漏洞	恶意代码、拒绝服务、远程控制利用、认证利用、软硬件漏洞利用、软硬件篡改、网络入侵、篡改配置、数据窃取和泄露
SDN 组件监控机制不足或不合理	对 SDN 控制器的不当监控可能导致攻击或故障未被检测到，因此无法缓解。如果硬件监控不当，可能会影响网络安全，甚至导致 SDN 网络瘫痪	所有风险类型
SDN 相关组件的虚拟化漏洞	虚拟化漏洞可能导致未经授权即访问 SDN 资源等风险。用于 SDN 实施的云解决方案可能导致特定于云技术的漏洞	虚拟化技术利用

4. NFV 风险

ETSI NFV 定义的风险分为 NFV 风险和 NFV-MANO 风险。

（1）NFV 风险

- 可用性损失：泛洪攻击 5G 核心网网元接口，将导致 DoS 条件在信令平面和数据平面上的多重身份认证失败。

- 通过漏洞利用崩溃的 5G 核心网网元：攻击者可以发送格式错误的数据包使一个网元崩溃，例如缓冲区溢出。

- 机密性丢失：攻击者窃听控制平面和承载平面的敏感数据，攻击者未经授权访问服务器上的敏感数据（配置文件等）。

- 完整性损失：通过中间人攻击的变体修改流量；攻击者在传输过程中修改信息（DNS 重定向等）；攻击者捕获管理员凭证，便于未经授权访问 5G 核心网网元并安装恶意软件，修改网元数据（修改网元配置）。

- 失去控制：攻击者通过协议或实现缺陷来控制网络，或通过管理接口来控制网元。

- 内部人员攻击：内部人员对网元数据进行修改，对网元配置进行未经授权的更改等。

- 窃取服务：攻击者利用漏洞使用服务而不收取费用。例如，攻击者利用 5G 核心网网元中的漏洞，可以在不计费的情况下使用业务。

（2）NFV-MANO 风险

- 非 MANO 独有的风险：
  - 安全加固不当：漏洞、权限、不必要的服务和端口、逃逸、DDoS 攻击。
  - 管理不当：账号、权限、访问控制、口令策略。

- MANO 独有的风险：攻击者向 VIM 伪装 NFVO，或攻击者向 VNFM 伪装 NFVO。

有关 NFV 风险的描述如表 3-8 所示。

表 3-8 NFV 风险

风险	描述	风险分类
NFV 组件基于服务的漏洞	网络功能中基于服务的接口应该为访问和传输中的数据提供充分的保护	设计缺陷利用、信息泄露、认证利用、数据窃取和泄露、篡改配置
NFV 组件的数据和信息保护不当	需要充分的安全控制来保护 NFV 存储、处理和传输的敏感数据	信息泄露、软硬件篡改、数据窃取和泄露
NFV 组件加固不当	所有 NFV 组件都应该加固,以减少它们各自的漏洞。加固时必须确保正确设置所有默认配置(包括操作系统软件、固件和应用程序)	恶意代码、拒绝服务、远程控制利用、认证利用、软硬件漏洞利用、软硬件篡改、网络入侵、篡改配置、数据窃取和泄露
NFV 虚拟化平台漏洞	虚拟化漏洞可能导致未经授权即访问数据等风险	虚拟化技术利用
NFV 管理的身份认证和授权机制存在漏洞	在没有适当的身份认证和授权及授权检查的情况下,不应使用 NFV 管理和编排	认证利用、远程控制利用、软硬件篡改、网络入侵、虚拟化技术利用
NFV 监控机制不足或不合理	应建立适当的安全事件收集和处理机制	所有风险类型

5. 云原生风险

云原生技术的使用,彻底改变了电信云的运行环境及云端应用的设计、开发、部署和运行模式,这些改变为运营商的生产和运营带来了极大的便利,提高了工作效率,但是也带来了新的安全挑战,使得云原生风险全面升级。其中,微服务的使用使网络边界更加模糊,应用间交互式端口的数量呈指数级增长,而且交互访问关系越来越复杂,传统的边界安全防护不再适用云原生安全架构;容器镜像的使用使得软件供应链的风险更加复杂,在使用镜像部署系统时,极易将安全漏洞、恶意软件和代码引入生产环境;独立的开发运维流程及服务实例应用周期的变短,增加了安全监控和防护的难度,准确检测网络攻击行为的能力,以及针对 0Day 漏洞和开源组件漏洞的检测与防护能力,迫切需要提升。

云原生风险主要来自以下方面。

❏ 数据泄露:通过未经授权的访问,受保护的信息可能被操纵、删除、释放或窃取。此类事件的原因可能是多方面的,包括人为错误、错误配置、恶意攻击、疏忽等。大多数情况下，数据泄露是组织内部或外部成功攻击的结果。

- 滥用错误配置和不充分的变更控制：IT 组件的配置错误和（或）软件的管理不充分是一个弱点，可以被攻击者滥用。这些弱点可能被攻击者发现，并被利用在对相关 IT 组件的攻击上。

- 缺乏云安全架构和策略：平稳过渡到基于云的服务需要与扩展网络安全边界的计划齐头并进。未经协调便无计划地采用云服务可能会在网络安全保护方面造成缺口，从而增加面临网络威胁的风险。

- 滥用不合适的身份、凭据、访问和密钥：云服务的部署给 IAM 带来了新的挑战。引入必要的云凭据及密钥管理需要与内部 IT 应用的身份管理策略保持一致。访问管理必须经过规划、配置，这将减少滥用云识别功能和访问管理功能的风险。

- 账户劫持：账户劫持是一系列与机密用户数据和可用功能相关的滥用和攻击行为的切入点。经历账户劫持后的攻击示例包括网络钓鱼、欺诈、利用可用功能和滥用漏洞。

- 内部威胁：内部威胁（也称为"权限滥用"）由与潜在受害者有关联的，或为其工作的某人或某些人执行。众所周知的内部威胁模式发生在外部人员与内部参与者合作以获得未经批准的资产访问权限的过程中。此外，知情人可能因粗心大意或缺乏知识而无意中带来风险。

- 滥用不安全的接口和 API：通过一系列 API 可以向消费者提供云服务，在云的组件内使用 API 可以实现云基础设施所有层之间的功能。当攻击者获得这些 API 的访问权限时，可能会给云用户和云服务供应商带来风险（例如操纵、窃听、数据泄露）。

- 滥用控制平面：作为数据管理的主要控制工具，控制平面在维护云上的数据安全方面发挥着重要作用。考虑到配置云服务（尤其是多云环境）的复杂性，与整体安全策略和 IT 架构缺乏一致性的控制平面可能会引入网络安全弱点。如果被滥用，这些弱点可能会导致大量数据丢失。

- 元结构和应用结构故障：为了让用户对云服务进行管理，通信顺序进程（CSP）提供了一系列接口（用户界面和 API）。这些接口提供安全防护功能，目的是供用户使用（即用户应用程序和用户控制平面）。这些接口向用户揭示有关安全防护措施的重要信息，因此这些接口的故障、薄弱、使用不当或误用可能会给整个基础设施带来重大风险。

- 滥用有限的云使用可视性：组织可能无法完全跟踪云应用程序和云服务的使用情况，无论用户的来源（内部或外部）如何。由于云应用程序的使用具有潜在的低可见性，攻击者可能获得对可用应用程序接口的恶意访问，并在不明显的情况下使用计算资源、操纵数据和执行数据泄露操作。

- 滥用和恶意使用云服务：攻击成功后，攻击者可能会获得对云资源的访问权限，并将其用于需要大量资源的恶意活动，例如拒绝服务攻击、加密挖矿、暴力破解攻击和大规模网络钓鱼攻击。此外，云资源可用于隐藏或存储恶意内容，例如恶意软件数据和窃取的数据。

通过前面的分析，我们知道 5G 核心网业务、SDN、NFV、云原生等技术都存在风险，只有通过体系化的建设和正确的实现才能有效消减安全风险。而面对难以完全避免的错误实现和机制缺陷，也需要一套基于业务系统确定性的安全防护体系，在不影响业务的同时，持续守护业务安全的"最后一公里"。接下来将介绍 5G 核心网的安全防护体系。

3.2　5G 核心网安全防护体系

5G 核心网安全防护体系大致可以拆解为四个部分：5G 业务系统安全、SDN/NFV 安全、云原生安全、内生安全，大致如图 3-12 所示。

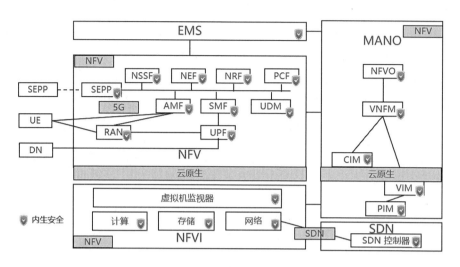

图 3-12　5G 核心网安全防护体系

其中,5G 业务系统安全指的是基于 3GPP TS 33.501、3GPP SCAS、GSMA NESAS 等系列标准定义和描述的 5G 移动通信业务系统的生命周期管理安全和业务交互安全体系。

SDN/NFV 安全是基于 ETSI NFV-SEC、ONF SDN 标准定义的,指明了如何安全地建设(使用 NFV 技术)和承载(使用 SDN 技术)5G 移动通信网。

云原生安全则定义了如何利用云计算的优势和特点安全地开发和运行网络功能。

上述安全防护体系针对加固、身份认证、数据保护、完整性保护、会话保护等方面建设了全面且体系化的风险消减方案。但缺乏监控手段仍是 5G 核心网、SDN/NFV、云原生技术体系面临的严重威胁。防护体系的潜在错误实现、不可避免的软硬件漏洞、鲜为人知的错误配置等问题仍在持续威胁着 5G 移动通信网的安全。在加密、认证、控制、防护和管理手段之外,还需要一个既不影响业务,又能够发现 5G 移动通信网受到的安全威胁的方案。

5G 核心网内生安全基于上述安全防护体系建立,并在其基础上将安全防护融入网元设备,在网元设备内构建从硬件到操作系统、虚拟化层、业务层的全栈安全防护特性,基于网元设备的确定性业务行为来检测设备中的异常,同时结合集中网元设备安全管理实现高效、准确的网元入侵检测。5G 内生安全根植于 5G 业务系统安全、

SDN/NFV 安全、云原生安全，以网元设备的确定性来发现未知的异常可支撑安全韧性 5G 网络建设，弥补边界防护的不足，帮助运营商实现高效的整网安全运营，达成客户对网络安全的要求。

3.2.1 5G 业务系统安全

3GPP 标准下的 5G 业务系统安全架构在《5G 系统的安全架构和过程》（TS 33.501）中定义。主要规定了 5G 移动通信网的安全技术要求，包括 5G 网络的安全架构、安全需求、安全功能及安全流程等。

5G 安全架构由网络接入安全、网络域安全、用户域安全、应用域安全、基于服务的架构（SBA）域安全组成。图 3-13 描述了这些安全部分之间的关系。

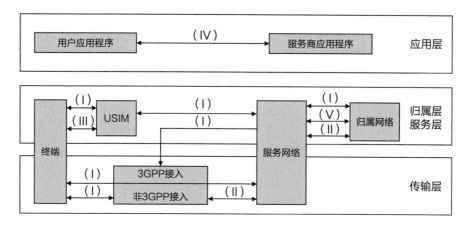

图 3-13　5G 安全架构

- 网络接入安全（Ⅰ）：使 UE 能够通过网络安全地进行身份认证和服务访问的一组安全特性，特别是能够防止对无线接口的攻击。接入类型包括 3GPP 接入和非 3GPP 接入。

- 网络域安全（Ⅱ）：使网络节点能够安全地交换信令数据和用户平面数据的一组安全特性。

- 用户域安全（Ⅲ）：保护用户访问移动设备的一组安全特性。

- 应用域安全（Ⅳ）：使用户应用程序和服务商应用程序能够安全交换消息的一组安全特性。应用域安全不在本书的讨论范围之内。

- SBA 域安全（Ⅴ）：使 SBA 体系结构的网络功能能够在服务网络域及其他网络域安全通信的一组安全特性，包括网络功能注册、发现和授权，以及对基于服务的接口的保护。

5G 核心网安全防护体系主要涉及网络接入安全（Ⅰ）、网络域安全（Ⅱ）和 SBA 域安全（Ⅴ）。

1. 核心网中的安全实体

5G 业务系统安全涉及的网元如图 3-14 所示。

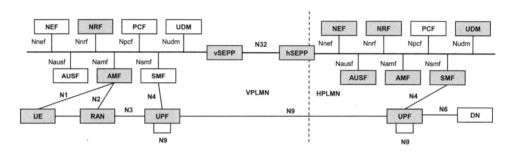

图 3-14　5G 业务系统安全涉及的网元

5G 安全架构引入了安全边缘保护代理（SEPP）并定义了其他安全功能。主要安全功能如下。

SEPP：置于网络边界，当跨不同 PLMN 的两个网络功能之间交换服务层信息时，SEPP 会进行安全保护，并提供漫游消息保护和拓扑隐藏机制。SEPP 主要用于保护通过 N32 接口发送的运营商间的信令消息。vSEPP 用于接收来自 PLMN 内部的所有信令消息，并在通过 N32 接口发送前对消息进行保护。

UDM：存储用户的签约数据、注册信息、给 AMF 网元下发签约数据、存储用户当前服务的 AMF 地址等。UDM 可以灵活管理用户的接入注册信息，并通过 ARD 数据、漫游限制业务来灵活管理用户接入网络。UMD 的会话管理功能为 UE 提供了通过网络接入分组数据网、享用数据业务的能力。会话管理包括会话建立、释放等业务。在会话建立的过程中，SMF 向 UDM 发起注册获取用户签约数据，并向 UDM 订阅数据。在会话释放的过程中，SMF 向 UDM 取消订阅并进行注册。UDM 提供了灵活的用户数据管理功能，包括 5G 用户的开户、销户、改卡、改号，以及签约数据的修改和查询等，从而支撑用户业务的灵活变化。在 5G 网络中，UDM 支持对用户签约数据变更进行订阅或者取消订阅。订阅用户的签约数据变更后，UDM 可以将数据变更及时通知对端网元。取消订阅用户的签约数据变更后，UDM 不会通知对端网元。通过用户数据订阅和通知功能，可以及时下发变更的用户签约数据，确保网元间数据的一致性，提升系统的可靠性。UDM 提供 5G 用户签约可用切片及默认切片列表信息，在业务流程中，AMF/SMF 会根据用户属性及业务类型向 UMD 获取用户切片信息，实现对 5G 网络的切片管理。

AUSF：5G 网络采用用户身份保密机制，避免在网络上传输用户的真实身份信息。UE 加密 SUPI 生成 SUCI，在认证流程中，AUSF 将 SUCI 解密为 SUPI，只有在安全上下文建立后，用户的 SUPI 才会传输。同时，5G 网络归一了 3GPP 和非 3GPP 的认证方法，AUSF 支持 EAP-AKA 和 EAP-AKA'两种认证方案，EAP-AKA 实现 UE、漫游地网络及归属网络的鉴权认证，EAP-AKA'实现 UE 和归属网络的双向鉴权认证。运营商可以根据自己的策略选择所需的认证方案。

SMF：主要业务功能包括会话管理、计费管理和策略管理。为用户与外部数据网络建立并管理会话连接，会话连接是用户访问业务的基础。SMF 根据用户特征（位置、DNN、切片等）信息选择最合适的 UPF，可提升业务体验，节省网络资源。根据用户上报的业务数据统计信息与 OCS/CG/CHF 交互实现对用户业务的计费。SMF 从 PCF 处接收会话并向用户平面下发会话策略以辅助实现对业务的感知和处理，同时向 PCF 上报 PCF 订阅的一些事件以辅助 PCF 进一步进行策略调整。

NRF：相当于一个"仓库管理员"，管理着 5G 控制平面网元的注册信息，并为网元提供发现、状态订阅等服务，支撑了 SBA 下 5G 控制平面网元的网络自治理功能。网元开工后会主动向 NRF 上报自身的 NF Service 信息，在后续业务流程中通过 NRF 发现满足条件的对端网元来完成相应的业务流程。NRF 支持管理网元及网元服务的注册、去注册、更新、状态订阅、通知等功能，可基于网元属性、设备位置等多维度策略进行网元发现，实时探测网元的心跳，在网络自治理的过程中避开故障网元，将业务均衡到正常的网元上。NRF 可在注册、服务发现、业务请求时对网元进行认证和授权。

AMF（包括 SEAF）：主要业务功能包括移动管理和用户接入控制，管理用户状态、跟踪用户移动过程中的位置信息以确保用户业务在移动过程中具有连续性。支持的网络移动管理功能既要保证 UE 可达和数据传输连续，又要防止 UE 接入某些受限区域或请求不该使用的服务，从而实现对 UE 的鉴权，并计算 NAS key 和 gNB 的临时密钥。

2. 5G 认证方案及流程

在移动通信网的认证体系中，AKA 机制已经经过 3G/4G 的检验，在 5G 中仍然发挥着核心作用。为了更好地支撑物联网等行业的场景，AKA 机制融入了通过非 3GPP 接入网络接入时对 UE 的认证考虑。这里将介绍两种认证方案，分别为 EAP-AKA'和 EAP-AKA，其中前者为非 3GPP 接入的认证方案。

（1）EAP-AKA'认证方案的流程

1）UDM 生成认证向量 EAP-AKA' AV，内容如下。

- 随机数 RAND，用于挑战 UE。

- 预期响应 XRES，用于 AUSF 认证 UE，XRES=f2(RAND,K)。

- 认证令牌 AUTN，用于向 UE 认证归属网络，AUTN={SQN⊕AK||AMF||MAC}，其中 MAC=f1(K,SQN,AMF,RAND)

- 密钥 CK'|| IK'。

2）UDM 向 AUSF 发送认证向量。

3）AUSF 向 AMF/SEAF 发送 RAND 和 AUTN。

4）AMF/SEAF 向 UE 发送 RAND 和 AUTN。AMF/SEAF 还发送 ngKSI，用于标识此次认证将会生成的 5G 安全上下文（包括 K_{AMF} 密钥等）。

5）UE 认证。

- 认证 AUTN，即计算 XMAC=f1(K, SQN, AMF, RAND)，跟接收到的 MAC 比较，如果 MAC=XMAC，则说明归属网络拥有 K，UE 认证归属网络成功。

- 计算响应 RES = f2(RAND, K)。

6）UE 向 AMF/SEAF 发送响应 RES。

7）AMF/SEAF 向 AUSF 发送响应 RES。

8）AUSF 比较来自 UE 的 RES 和 XRES，如果 XRES = RES，则说明 UE 拥有 K，归属网络认证 UE 成功；AUSF 生成 K_{AUSF} 和 K_{SEAF}。

9）AUSF 向 AMF/SEAF 发送 K_{SEAF}。

10）AMF/SEAF 指示 UE 认证成功。

11）UE 生成 K_{SEAF}。

（2）EAP-AKA 认证方案的流程

1）UDM 生成 5G HE AV，内容如下。

- 随机数 RAND，用于挑战 UE。

- 预期响应 XRES*，用于 AUSF 认证 UE。

- 认证令牌 AUTN，用于向 UE 认证归属网络；AUTN={SQN ⊕ AK||AMF||MAC}。

- K_{AUSF}。

2）UDM 向 AUSF 发送 5G HE AV。

3）AUSF 存储 XRES*。

4）AUSF 计算 HXRES*和发送 KSEAF，HXRES*用于 AMF/SEAF 认证 UE，

HXRES*=SHA-256(RAND, XRES*)。

5）AUSF 向 AMF/SEAF 发送 5G SE AV，内容如下。

- RAND。

- AUTN。

- HXRES*：用于 AMF/SEAF 认证 UE。

6）AMF/SEAF 向 UE 发送 RAND 和 AUTN。

7）UE 认证。

- 认证 AUTN：即计算 XMAC，跟接收到的 MAC 比较，如果 XMAC = MAC，则 UE 认证归属网络成功。

- 计算响应 RES*。

- 生成 CK、IK、K_{AUSF}、K_{SEAF}。

8）UE 向 AMF/SEAF 发送响应 RES*。

9）AMF/SEAF 计算 HRES*=SHA-256(RAND, RES*)，将 HRES*与 HXRES*进行比较，如果 HXRES*=HRES*，则 VPLMN 认证 UE 成功。

10）AMF/SEAF 向 AUSF 发送 RES*。

11）AUSF 验证 RES*，即将 RES*与 XRES*进行比较，如果 RES*=XRES*，则 HPLMN 认证 UE 成功。

12）AUSF 向 AMF/SEAF 发送 K_{SEAF}。

3. 5G 系统的密钥架构

为满足不同信令和用户数据的保护需求，要结合状态变更和移动通信时的安全。5G 移动通信网使用密钥层级结构来进行密钥派生。5G 系统的密钥架构如图 3-15 所示，该架构在设计时考虑了非 3GPP 接入网络、归属网络和拜访网络的连接，以及用户数据的完整性保护。

在 5G 网元中，会基于根密钥逐步推衍产生不同层次、不同用途的会话密钥并发放到各个网元中。在终端中基于相同的密钥推衍机制，可以产生和网元中密钥对应的密钥集合。

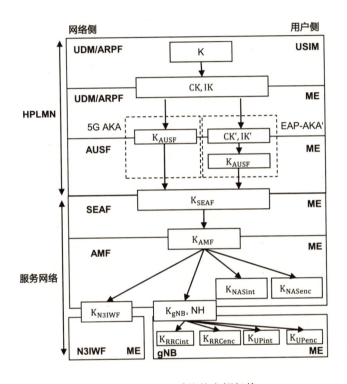

图 3-15　5G 系统的密钥架构

4. 5G 安全上下文

当 UE 接入 5G 网络时，UE 与网络之间需要维护一组参数从而维持用户与网络之间的连接。这组参数中与通信安全相关的被称为安全上下文。根据用途的不同，安全上下文也分为 AS 安全上下文和 NAS 安全上下文。由于 5G 支持非 3GPP 接入，因此设计了面向非 3GPP 接入的 AS 安全上下文。

UE 和 AMF 之间的 N1 接口传送了 NAS 信令，对 NAS 信令的完整性和机密性保护也是 5G 安全上下文的一部分。NAS 信令消息的完整性和机密性通过 NAS SMC 流程激活，或者在 EPC 系统切换后被激活。

5. NAS SMC

为了建立 NAS 安全上下文，AMF 应选择一个 NAS 加密算法和一个 NAS 完整性保护算法。然后，AMF 应发起 NAS SMC 流程，并在给 UE 的消息中包含选择的算法和 UE 安全能力（以检测攻击者对 UE 安全能力的修改）。AMF 应根据有序列表选择具有最高优先级的 NAS 算法。

NAS SMC 建立 UE 和 AMF 之间 NAS 安全上下文的过程包括以下步骤。

- AMF 和 UE 之间的消息往返。

- AMF 向 UE 发送 NAS Security Mode Command 消息，UE 回复 NAS Security Mode Complete 消息。

NAS SMC 过程被设计成保护注册请求免受中间人攻击，其中攻击者修改注册请求中提供的 UE 安全能力的信元（Information Element，IE）。如果该过程成功完成，则 UE 连接到网络，且证明没有发生过降级攻击。如果发生了降级攻击，则 NAS SMC 验证失败，且 UE 回复拒绝消息，这意味着 UE 将不会连接到网络。

6. 非接入层安全机制

UE 和 AMF 之间的 N1 接口用来传输 NAS 信令。N1 接口上提供了对完整性和机密性的保护能力。NAS 保护安全参数也是 5G 安全上下文的一部分。NAS 协议中的完整性保护在 NAS SMC 流程或者在 EPC 系统切换后被激活，同时被激活的还有抗重放保护。激活后，UE 和 AMF 不应接收没有完整性保护的 NAS 消息。在 UE 和 AMF 删除 5G 安全上下文之前，NAS 消息的完整性始终会被校验。NAS 机密性也是在 NAS SMC 流程或者 EPC 系统切换后被激活的。一旦 NAS 机密性被激活，UE 或 AMF 将不接收没有机密性保护的 NAS 消息。

对于 UE 接入网络后发送的第一个 NAS 消息，由于此时尚未进入 NAS SMC 流程，所以 UE 和网络之间可能没有安全上下文，从而无法提供机密性和完整性保护。在这种情况下，UE 将发送一组仅包含少量明文（如仅包含建立安全性所必需的信息）的信元。而当 UE 还保留上次接入时的存留上下文时，应对 UE 发送的消息进行完整性保护，并发送完整的初始 NAS 消息。

7. 用户身份标识与隐私保护

移动通信网中的用户信息大致分为"用户通信中发送的个人信息"和"移动通信网提供服务时与个人产生关联的信息"两类。第一类通常被作为通信数据对待，受到通信网络传输安全机制的保护。对于第二类，需要为其制定有针对性的保护机制，防止其被恶意获取和伪造。移动通信网中的隐私保护通常针对的是这一类用户信息。

对于攻击者来说，确定用户的身份是首要目标。确定身份后才能将其他信息进行关联。在 5G 以前的通信网络中，对于国际移动用户识别码（IMSI），通常采用临时移动用户识别码（TMSI）替代，或用 GUTI 替代，以此来进行保护。但是使用 TMSI 替代 IMSI 并不能完全解决用户隐私泄露的问题。在用户开机等特定场景下，IMSI 仍会被直接使用。5G 系统使用了 SUPI 来描述用户标识。SUPI 拥有两种格式，IMSI 和 NAI，同时引入了用户隐藏标识 SUCI 用于不得不暴露 SUPI 的场景。SUCI 是由 SUPI 通过归属运营商的公钥运算得出的，且每次的结果都不相同，从而可以在 5G 系统中保护用户隐私。

8. 服务化接口安全

对于传统的移动通信网来说，不同网元之间进行通信时需要预先定义和配置通信接口，以方便特定协议在网元之间进行传输和交互。没有定义接口的网元之间无法直接通信。在 5G 的服务化架构下，每个网络功能都可以在网络中注册自己的服务并订阅其他服务。这在带来灵活性的同时，也为攻击者伪造成合法网元进行攻击提供了条件。此外，服务化网络接口之间的交互通过 HTTP/2 承载，相较于传统的 SS7 和 Diameter，HTTP/2 更为灵活，这也对运营商之间的互联互通和互操作安全产生了影响。

因此，网元之间的通信除了要考虑传统的网络层安全保护，还要考虑传输层和应用层的安全机制。5G 服务化架构中的重要机制如下。

- 传输层采用 TLS 协议实现网元之间的认证和数据保护。
- 应用层采用 OAuth 2.0 授权框架，以确保只有被授权的网络功能才有权限访问提供服务的网络功能。基于此，5G 网络还采用了由 NRF 提供的服务注册、发现、授权机制来保障服务化安全。

- 采用增强的互联互通安全机制。包括在运营商之间引入 SEPP，以及使不同的 SEPP 之间通过 N32 接口使用新的应用层安全保护方案。

9. 5G 与 2G、3G、4G 的互操作安全

为了保障存量用户的使用体验，移动系统通常是需要考虑向后兼容的。在新的系统中，应该保证存量用户能够正常接入，并且支持用户在不同的网络制式中进行机型连接转换。这样也可以避免在建设初期出现由网络覆盖不全、容量不足等导致的用户体验问题。这种允许用户在不同网络制式间进行机型连接转换的过程被称为互操作。

互操作特性支持 UE 在 2G、3G、4G、5G 网络中自由转换。但是互操作在带来便利的同时，也带来了安全问题。新一代系统在设计时往往会解决上一代系统中遗留的安全问题。UE 从新的制式切换到旧的制式时，往往会面临遗留安全风险的威胁。在 5G 网络中，出于对网络风险的考虑，只允许 5G 和 4G 网络进行互操作，而不允许与 2G 和 3G 网络互操作。

10. 切片安全

（1）切片访问控制

根据 3GPP 标准，切片由 NSSAI（网络切片选择辅助信息）来标识，对应差异化的 SLA 保障，用户通过切片访问专网时需校验用户签约的 NSSAI 信息，还应遵循 3GPP 二次认证架构及标准协议，通过在企业园区部署 DN-AAA 服务器，实现对专网用户终端身份自主可控的二次鉴权，只有二次鉴权通过的终端才允许访问对应的切片和专网。

（2）切片数据安全

切片根据业务需求实现不同级别的逻辑隔离或物理隔离，保障数据传输通道的安全。另外可使用叠加分段加密技术实现数据传输的机密性、完整性和防重放攻击保护。分段加密包括空口加密和通道 IPSec 加密。

(3）切片资源隔离

采用成熟的云核/虚拟化隔离技术及网络隔离技术,可实现精准、灵活的切片隔离,保证不同切片之间的网络、CPU、内存及 I/O 资源被有效隔离。

(4）切片管理安全

切片管理服务支持操作账号的分权分域管理,支持管理平面安全传输通道 TLS 防篡改和加密传输,提供 TLS 证书和用户名密码双重认证进行操作授权,禁止访问其他切片的相关信息。同时,在切片生命周期管理中,切片模板、配置具备检查与校验机制,通过数字签名和证书,防止恶意用户对切片模板和实例进行篡改。

11. 组网安全

5G 核心网的安全防护手段也应从网络的部署、配置和管理上着手提供,从而防止 5G 核心网网络遭受外部和内部的攻击,并能够对已经产生的安全风险进行控制。5G 核心网网络安全可由网络域的安全机制所定义的安全域和相应的防护措施来共同确保。安全域是指同一系统内有相同安全防护需求和安全等级,相互信任,并具有相同的安全访问控制策略和边界控制策略的子网或网络。通过划分安全域可以限制系统中不同安全等级域之间相互访问的权限,满足不同安全等级域的安全需求,从而提高系统的安全性、可靠性和可控性。

5G 核心网安全域用于保护核心网与无线网之间、5G 核心网中各网元之间、不同集中部署区域核心网之间、不同运营商之间的信息交换。划分安全域不能影响网元承担的接入控制、用户移动管理、寻呼、切换和漫游控制等功能。

对于核心网安全域,可以按功能、交互、部署的要求进一步划分子域,具体如下。

- 核心域：实现 5G 核心网内部系统互通能力,仅与本网内的核心网设备进行互通；包括 AMF、SMF、NSSF、NRF、SMSF、PCF、BSF、NWDAF、UDM、UDR、AUSF、UDSF 网元及传输/转发链路、设备。
- 用户域：包括 UPF 设备、下沉到边缘节点的 UPF 设备、边缘节点内运营商的设备,与上述设备关联的组网设备及接口。

- 接口域：实现与外网（包括互联网、其他运营商）的互通，包括 SEPP、专用网关，以及与上述设备关联的组网设备及接口。

- 服务域：实现能力开放，包括 NEF 网元及与之关联的组网设备及接口。

划分安全域之后，基于 3GPP 对安全域之间设定的互通原则，在不同等级的安全域之间进行互通时，需要进行边界防护。对于集中部署的区域之间的安全域互访进行防护，应在不同区域之间部署防火墙进行边界防护。除了防火墙，当数据/信令流经互联网时，还可以针对不同安全域之间实际的通信业务和流量情况部署对应的安全设备，如抗 DDoS、IDS/IPS、漏洞扫描等，以确保对来自外网的流量及 APT 攻击进行检测与防护。应支持通信平面隔离，不同集中区域之间的通信应基于 VPN 等方式进行隔离。可配置不同集中区域之间的互访策略，限制仅允许相互配置了白名单的设备互访。对于不同区域之间的互访，应使用安全传输通道。

对于集中区域内部不同安全域之间的专访进行防护，应同样设立防火墙进行边界防护，并使用 VLAN 技术对边界设备所用的网络进行隔离。针对不同安全域之间的流量应启用不同的安全防护功能，如 NAT、带宽限制等。安全域间应支持部署隔离，如物理服务器隔离。如果物理网络共用，则应进行逻辑隔离。应支持通信平面隔离，不同域之间的通信可基于 VLAN、VXLAN、VPN 进行隔离。应配置域间策略，限制不同安全域之间的互访。对于不同安全域之间的互访，也应使用安全传输通道。

对于安全域内部的访问，可通过路由策略、VLAN 或同类方式进行隔离。为防止一个安全域内的某个网元受到攻击后，影响其他网元或本网元的其他业务，应对安全域内的不同流量进行通信隔离，可基于接口、VPN、VLAN、VXLAN 等来实现。可根据各个网元的服务和接口进行包过滤，防止非法流量访问。应使用安全加密协议保障网元之间的传输通道畅通。应支持 IP 层防护，防止攻击者通过畸形报文和拒绝服务等方式攻击网元。

3.2.2　SDN/NFV 安全

SDN 和 NFV 技术作为 5G 核心网的核心技术，高度互补，但又不相互依赖或制约。SDN/NFV 安全架构如图 3-16 所示。

5G 网络通过引入 SDN 和 NFV 等技术实现了软件与硬件的解耦,以及控制与转发的分离。但在灵活性得到提升的同时,使用专有网络硬件的安全隔离被破坏,增加了暴露面。

SDN 和 NFV 技术在认证、授权、数据完整性、数据机密性、凭证管理、支持安全监控、安全加固、预防漏洞和硬件管理上均有着共性需求。本节主要聚焦因 SDN 和 NFV 技术的独特性而带来的安全防护措施。

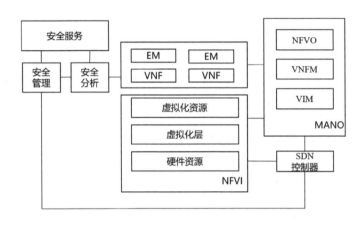

图 3-16 SDN/NFV 安全架构

3.2.2.1 SDN 安全

SDN 安全架构分为应用层、控制层和基础设施层,SDN 安全防护体系的主要功能如下。

- SDN 策略冲突监测优化:SDN 中的流规则策略冲突是一种容易发生的异常状态,主要包括不同控制器流规则协调、不同应用的流规则冲突、流规则未同步生效等问题。通常可以基于流表的优先级来解决这些问题。安全策略应自动化部署以减少人工操作出错的风险。下发安全策略并结合流和拓扑状态进行模拟,能及时发现和消除策略冲突。

- SDN 控制器抗 DoS:SDN 控制器因其位置关键,因此容易被列为拒绝服务攻击的首选目标。通常通过基于策略的限速机制进行过载保护,也可以通过部署多台 SDN 控制器进行负荷分担。进一步地，也可以针对流表规则和转发行为对 SDN 控制器进行过载分析，识别出攻击流量并进行阻断。

3.2.2.2 NFV 安全

NFV 安全防护体系涉及 NFV 安全和 NFV-MANO 安全。

1. NFV 安全

NFV 安全考虑事项与基于虚拟机管理程序的虚拟化安全考虑事项在架构和接口上非常相似。但在讨论 NFV 安全的时候，需要考虑基于虚拟机管理程序范畴以外的事项，包含云编排和虚拟设备等领域。在 VNF 内部，VNF 操作、VNFC 操作及与外部资产和服务的安全接口都需要相应的安全措施来进行防护。

（1）工作负载中的敏感身份认证数据

NFV 工作负载中通常有用于进行用户身份认证的敏感数据。这种敏感的身份认证数据可以由密码、私钥、加密证书、令牌和其他机密内容组成。这些数据应该在 NFV 安全生命周期的所有阶段都受到保护，同时应该被认为是高度动态化的。在实例化、休眠/暂停和 VNF 退役期间，这些数据可能会被更新。包含敏感身份认证数据的 NFV 工作负载可以被描述为 VM、VA、VNF 和 VNFC。

（2）VNF 的功能和能力授权控制

VNF 的各个部分将提供许多功能和能力，并且 NFV 中的各种不同实体可能要求使用这些功能和能力。为实体访问授权并不总是合适的，即使某一实体之前已经取得了授权。要想获得使用这些功能和能力的授权，可以通过多种技术和多种变量来控制，包括身份、信任、联合、委托决策制定、API 安全性。

在 VNF 之间，直接通信的虚拟网络功能具有特殊的安全需求，因为网络级安全防护措施通常不是网络中固有的，这些安全需求概括如下。

- 针对 VNF 域内及 VNF 域之间的安全管理协同。

- 流量通常不经过防火墙或其他网络策略实施点。

- 虚拟设备和安全虚拟设备需要配置为流量的一部分。

- 对网元间的安全措施和单个网元的韧性要求较高。

在 VNF 之外，VNF 的安全依赖于物理基础设施、环境和外部服务的安全。

（3）监管和司法管辖区对 NFV 部署的影响

NFV 部署将像当前的电信服务一样存在于监管和管辖区中。网络功能的虚拟化对 VNF 本身及控制 VNF 的管理和协调组件提出了新的要求，主要包括合法拦截、审计和服务水平协议。尽管与现有实践有许多相似之处，但 NFV 的出现还是带来了一些变化。此外，未来的 NFV 部署可能会越来越多地跨区域，从而对运营商提出更多要求，比如对区域管理服务的能力和在不同司法管辖区之间实时迁移服务的能力提出了进一步的要求。

（4）NFV 的身份认证、授权和审计服务

NFV 部署很复杂，同一部署中会有多个管理域。例如，NFVI 包括计算、存储、网络、虚拟机监视器、SDN、服务网络、VNFM、编排等管理域。这些域之间的认证、授权和记录要求有所不同。有些域具有法规要求，还将存在人和系统实体之间的交叉联系。例如，在某些部署场景中，会要求外部方（例如其他运营商）能够访问和管理 NFV 部署的部分，这些场景也带来了对身份认证、授权和审计服务的要求。

2. NFV-MANO 安全

关于 NFV-MANO 安全，总结如下。

- 在成功识别和认证消息发送方的身份和位置之前，接收方不应允许对接收到的数据进行任何操作，此要求应排除大多数伪装的元素，当与访问控制方案一起使用时还应消除大多数的特权提升。

- 消息发送方应允许任何确定已发生的修改、删除、插入或重放行为，此要求将允许消息发送方启用闭环消息和会话完整性服务。

- 消息接收方应能够确定是否有任何修改、删除、插入或重放行为发生，此要

求将提供闭环消息和会话完整性服务。

- VIM 应监控存储的映像，以确定是否发生了任何未经授权的修改、删除或插入行为，此要求将提供用于 VIM 映像的数据存储的完整性证明，以及数据传输完整性服务。

- 在 MANO 的任何内部接口上传输的数据都应受到保护，以防止数据被泄露给未经授权的实体，此要求将提供内部传输的机密性，可能使用众所周知的网络协议的加密模式。

- MANO 系统应允许仅在明确的地理位置实例化 MANO 组件和受管实体，即 NFVI，此要求预计将强制执行某种形式的基于属性的访问控制，以及基于属性的身份认证和多因素身份认证（其中，位置是行为因素之一）。

- 在成功识别和验证被依赖方的位置之前，依赖方不允许对接收到的数据进行任何操作，此要求将部署多属性身份认证和授权方案。

3.2.2.3 物理环境安全

边缘计算系统机房出入口应配置电子门禁系统，控制、鉴别和记录进入的人员，机柜应具备电子防拆封功能，应记录打开、关闭机柜的行为。边缘计算设备应是可信设备，防止非法设备接入系统。

3.2.2.4 资产管理安全

应支持物理资产管理能力，即进行物理资产的发现（纳管）、删除、变更及呈现。基础设施应支持宿主机的自动发现，对于交换机、路由器及安全设备，应支持自动发现或手动添加资产库功能。

3.2.2.5 宿主机安全

宿主机应禁用 USB、串口及无线接入等不必要的设备，禁止安装不必要的系统组件，禁止启用不必要的应用程序或服务，如邮件代理、图形桌面、telnet、编译工具等，以降低被攻击的可能性。

应根据用户身份对主机资源访问请求加以控制，防止对操作系统进行越权、提权操作，防止主机操作系统数据泄露。

主机操作系统应进行安全加固，并为不同身份的管理员分配不同的用户名。不同身份的管理员，其管理权限不同，应禁止多个管理员共用一个账户。主机操作系统应设置合理的口令策略，口令复杂度、长度、期限等要符合安全性要求，同时口令应加密保存。应配置操作系统级强制访问控制（MAC）策略，应禁止利用宿主机的超级管理员账号进行远程登录，应对登录宿主机的 IP 地址进行限制。

应启用安全协议对宿主机进行远程登录，禁用 telnet、ftp 等非安全协议对主机进行访问。应具备登录失败处理能力，设置登录超时策略、连续多次输入错误口令的处理策略、单点登录策略等。

宿主机系统应为所有操作系统级访问控制配置日志记录，并支持对日志访问进行控制，只有授权的用户才能够访问日志。

3.2.2.6 镜像安全

虚拟机镜像、容器镜像、快照等需要进行安全存储，防止非授权访问。基础设施应确保镜像的完整性和机密性，虚拟层应支持镜像的完整性校验，包括支持 SHA256、SM3 等摘要算法和签名算法来校验虚拟机镜像的完整性。应使用业界通用的标准密码技术或其他技术手段保护上传镜像，基础设施应能支持使用被保护的镜像来创建虚拟机和容器。

上传镜像时，必须将约束镜像上传到固定的路径，避免用户在上传镜像时随意访问整个系统的任意目录。使用命令行上传镜像时，应禁止用户通过"../"方式任意切换目录。使用界面上传镜像时，应禁止通过浏览窗口任意切换到其他目录。同时，应禁止 at、cron 命令，避免预埋非安全性操作。

镜像发布需要经过漏洞扫描检查，至少要保证无 CVE、CNVD、CNNVD 等权威漏洞库收录的公开"高危"或"超危"安全漏洞。

3.2.2.7 虚拟化安全

为了避免虚拟机之间的数据窃取或恶意攻击，保证虚拟机的资源使用不受周边虚拟机的影响，Hypervisor 需要实现同一物理机上不同虚拟机之间的资源隔离，包括 vCPU 调度安全隔离、存储资源安全隔离和内部网络隔离。

终端用户使用虚拟机时，仅能访问属于自己的虚拟机资源（如硬件、软件和数据），不能访问其他虚拟机的资源，因为要保证虚拟机隔离安全，虚拟机应无法探测其他虚拟机的存在。

Hypervisor 应进行安全加固，其安全管理和安全配置应采取服务最小原则，禁用不必要的服务。

应支持设置虚拟机的操作权限及每台虚拟机使用资源的限制，如最大/最小的 vCPU 或内存等，并应正确监控资源的使用情况。

Hypervisor 可以支持多角色定义，并支持给不同角色赋予不同权限以执行不同级别的操作。对于虚拟化应用，迁移应用时，安全组等访问控制策略也随应用迁移。

为了防止虚拟机逃逸，可以通过虚拟机隔离来提升虚拟化安全：对于部署在虚拟化边缘环境中的虚拟机，可以加强虚拟机之间的隔离，对不安全的设备进行严格隔离，防止用户流量流入恶意虚拟机。另外，可以监测虚拟机的运行情况，有效发掘恶意虚拟机，避免恶意虚拟机迁移对其他边缘数据中心造成感染。

3.2.2.8 可信计算

系统中的"可信"代表着系统会按照人的预期方式运行，主要针对攻击者可能利用软硬件漏洞在服务器和虚拟化层启动时篡改加载器或系统软件的情况。

可信计算技术可基于可信平台模块（Trust Platform Module，TPM）提供符合用户预期的启动过程。TPM 是一种含有密码运算和存储部件的小型芯片系统，通常由 CPU、存储器、I/O、密码运算器、随机数产生器和嵌入式操作系统等部件组成。TPM 通过度量将系统状态存入平台配置寄存器（Platform Configuration Register，PCR），PCR 中的内容作为可信第三方用于证明系统处于某个可知的状态。TPM 中有若干 PCR，用来保存对应度量对象的摘要值，TPM 对外提供的是扩展 PCR 接口，外部不能直接更新 PCR，TPM 外部调用扩展接口，TPM 将度量对象的摘要值和当前 PCR 值拼接后再计算摘要值，将最后的摘要值写入 PCR，这一切都是在 TPM 内部进行的，外部不能直接将 PCR 值修改成指定的值。通过 TPM 证明平台完整性的有效方法包括远程证明、度量启动等。

远程证明（Remote Attestation，RA），即在远程服务器端检查目标计算机的可信情况。具体实现为远程证明服务器端（RA Server）利用部署在目标计算机上的远程证明客户端（RA Client）收集 TPM 中记录的计算机状态数据（即 PCR 值），将其与对应的软件参考基准值进行比对，根据计算机状态是否可信采取下一步行动。由于数据的校验是放在服务器端进行的，即使目标机软件被篡改植入也无法影响服务器端的程序运行，因此，这个特性可以避免本地报告（证明）可信度较低的问题。远程证明是通过"挑战-应答"协议来实现的，一个平台（挑战者 RA Server）向另一个平台（证明者 RA Client）发送一个挑战证明消息和一个随机数（nonce），要求获得一个或多个 PCR 值对证明者的平台状态进行证明。

度量启动（Measured Boot）是设备启动阶段的完整性保护方案。度量启动的两个基本要素是可信根和可信链。其基本思想是，首先在计算机系统中建立一个可信根（CRTM），可信根的可信性由物理安全、技术安全和管理安全共同确保。然后建立一条可信链，从可信根开始到 BIOS、OS Loader、操作系统，再到应用，逐级将信任扩展到整个系统。上述过程看起来如同一根链条，串联着各个环节，因此称为"可信链"。CRTM 是度量启动的核心，是系统启动的首个组件，没有其他代码用于检查 CRTM 本身的完整性。所以，作为可信链的起点，必须保证它是绝对可信的信任源。在技术上需要将 CRTM 设计成一段只读或更新严格受限的代码，以抵御 BIOS 攻击，防止远程注入恶意代码或在操作系统上层修改启动代码。在启动过程中，前一个部件通过计算 Hash 值来度量后一个部件，然后把度量值扩展到可信存储区，例如 TPM 的 PCR 中。整个启动序列都遵循"先度量，再扩展"的原则，当前阶段的代码负责度量下一阶段将执行的代码，然后将度量值扩展到 PCR 中，这样循环往复构成了可信链。度量启动的执行过程如图 3-17 所示。

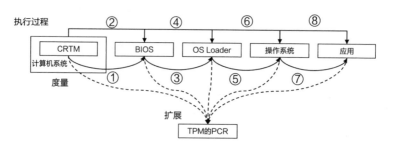

图 3-17 度量启动的执行过程

3.2.3 云原生安全

云原生安全作为一种新兴的安全理念,不再是单一的技术,而是一簇技术的集合。目前国内外的组织和企业都已经开展了云原生安全的相关研究,但是不同的组织和企业对云原生安全理念的理解不尽相同。云原生计算基金会(Cloud Native Computing Foundation,CNCF)认为云原生安全是一种将安全构建到云原生应用程序中的方法,安全性是应用程序全生命周期的一部分,旨在确保在与传统安全模型标准相同的基础上,同时适应云原生环境,即实现快速的代码更改和云基础设施。Kubernetes 提出了云原生 4C 安全模型,自下而上分别是云基础设施(Cloud)、集群(Cluster)、容器(Container)和代码(Code)。该模型强调每一层的安全都受益于下一层的保护。云原生产业联盟针对不同服务模式下的云原生系统,建立了云原生安全防护责任共担模型。在此模型下,应用拥有方和平台提供方共同承担不同区域的安全责任,共同实现云原生应用的整体安全。

云原生安全是指云平台安全原生化和云安全产品原生化。安全原生化的云平台,一方面通过云计算特性帮助用户规避部分安全风险,另一方面能够将安全融入从设计到运营的整个过程,向用户交付更安全的云服务。原生化的云安全产品能够内嵌于云平台,解决用户云计算环境和传统安全架构割裂的痛点。

总体来说,云原生安全遵循以下两个原则。

零信任原则:"永不信任、持续验证",其目标是降低资源访问过程中的安全风险,防止在未经授权的情况下进行资源访问。在此原则下,网络位置不再决定访问权限,在访问被允许之前,所有访问主体都需要经过身份认证和授权。零信任架构通过细粒度拆分、执行策略限制等技术手段,消除了数据、资产、应用程序和服务的隐式信任,实现了动态最小授权,从而减轻了网络威胁横向扩散的可能性。

持续监控和响应原则:云原生技术的使用彻底改变了业务应用的存在形式,业务系统变得越来越开放,越来越复杂。微服务、容器和 Kubernetes 的使用,已经彻底消除了固定的防护边界,在原来"南北向"访问的基础上增加了"东西向"访问。另外,新技术的应用所带来的新型漏洞和风险越来越多,攻击者的攻击手段也灵活多变,从不间断。为了改变传统防护的被动局面,需要遵循持续监控和响应原则,打造持续不间断的安全风险监控和响应能力,转被动防护为主动防护,建立多级纵深持续循环的安全防护体系,并形成持续的响应机制,帮助运营商业高效发现未知风险,精准定位攻击行为,全面提升响应效率。

云原生安全防护架构如图 3-18 所示。该架构针对管理平面、数据平面进行防护。

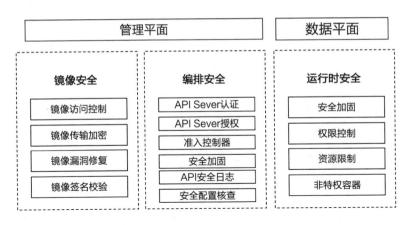

图 3-18 云原生安全防护架构

1. 镜像安全

为了从源头开始确保镜像安全,应确保镜像开发、构建的安全,防止将外部漏洞引入镜像。

- 镜像访问控制:镜像仓库需要设定有效的身份认证和访问控制策略,避免因访问控制策略设置不当和账户权限有问题,而导致镜像仓库被入侵,镜像被篡改。

- 镜像传输加密：对镜像仓库访问要进行双向认证，并采用安全协议进行加密传输保护，实现全流程镜像安全防护。

- 镜像漏洞修复：在开发、构建容器时应对容器镜像进行漏洞扫描，检测开源镜像库中是否存在已知漏洞，若存在应及时修复。

- 镜像签名校验：在构建容器镜像时增加安全签名，在部署时进行校验。

另外，对于编排中注入的敏感数据，如访问对接账号、密钥等，不应该使用环境变量或其他明文方式将其注入应用，应当使用 Kubernetes Secret 或业务系统自身的加密保护机制，防止敏感数据泄露。

还要对配置和部署脚本进行扫描，以便及早发现错误配置。应采用代码工具对代码进行自动化安全审查，及时修复代码漏洞。在构建镜像时采用最小根镜像，删除不必要的软件，避免包含管理器、编译器和调试器。要使用来源可信的镜像，不使用存在风险的镜像。

2. 编排安全

Kubernetes 中组件众多，并且绝大多数组件基于 HTTP 和 HTTPS 的 API 提供服务。在生产环境中常用的服务组件有 API Server、Kubelet、Dashboard、etcd 等，这些组件的使用使得编排平台存在 API 端口暴露、未授权访问、访问证书被窃取等风险。同时，Kubernetes 中的访问控制机制限制过于宽松，并且未遵循最小权限等安全原则，这些都会导致相应的组件及整个平台面临严重的安全风险。

- API Server 认证：API Server 是实现 Kubernetes 资源增删改查的接口，因此在用户通过 API Server 对资源进行操作之前，需要对用户进行相应的认证操作，从而防止未授权用户通过 API Server 进行非法操作。Kubernetes 支持多种认证方式，主要包括静态令牌文件认证、客户端证书认证、服务账号令牌认证、身份认证、代理认证等。

- API Server 授权：当用户通过 API Server 认证后，就进入了 API Server 授权环节，授权环节能够对 API Server 认证的输入进行校验，控制服务账户可访问的资源。Kubernetes 包含四类授权模式，分别为节点授权、基于属性的访问控制、基于角色的访问控制、基于钩子的授权。

- 准入控制器：当用户请求通过 API Server 认证和授权后，便进入了准入控制器。准入控制器是更为细粒度的资源控制机制，其支持 Kubernetes 的许多高级功能，例如 Pod 安全策略、安全上下文、服务账户等。

- 安全加固：依据 Kubernetes CIS Benchmark 配置规范，对容器运行配置做了必要的安全加固，保证默认配置安全。

- API 安全日志：通过日志自采集或与已有日志平台对接，分析 Kubernetes 集群业务的相关操作行为，进行威胁溯源分析，绘制攻击链路，在安全事件发生后有效地总结经验并制定防护措施，防止类似的安全事件再次发生。

- 安全配置核查：为保证 Kubernetes 平台及其组件的安全合规水平，缩小其风险暴露面，对平台及其组件开展安全基线配置核查。依靠安全基线配置核查标准，发现配置文件中的不合规项并加以整改，提高平台及组件的合规水平。

3. 运行时安全

运行时安全防护具体如下。

- 安全加固：容器与宿主机共享操作系统内核，宿主机中对容器的安全配置情况影响着容器的运行时安全。容器的安装应遵循最小化原则，不安装额外的服务和软件，关闭所有不必要的网络功能，删除或锁定与容器运行无关的用户、文件和目录，关闭不必要的进程和服务。

- 权限控制：Linux 内核提供了细粒度的权限控制机制，如挂载、访问文件系统、内核模块加载等。容器运行时需要利用内核功能，但应避免直接使用 root 权限。容器通过权限控制可以运行在一个内核功能集合的约束下，这使得即使容器遭到攻击者入侵，也很难在容器内部对宿主机进行恶意操作。

- 资源限制：通过对系统资源的限制和审计，确保每个容器都能够在受限的 CPU、内存和 I/O 等资源下运行。应限制容器的最大使用量，防止耗尽系统资源。

- 非特权容器：容器运行时不应使用具有特权的容器。特权容器内的 root 权限与宿主机的 root 权限应先沟通。特权容器的使用可能会导致容器的所有限制均被攻击者修改。

3.2.4 内生安全

得益于 5G 业务系统安全、SDN/NFV 安全和云原生安全在各个防护体系下的良好设计，5G 核心网所面临的安全威胁在设计和实践中得到了极大的消减。但不断升级的攻击手段、层出不穷的漏洞和来自内部的威胁仍要求我们加强 5G 核心网自身的"免疫力"，内生安全基于对网络运行机理的理解和网元运行的确定性实现了微隔离、攻击感知、UPF 内置防火墙和信令安全网关功能，也被称为守护 5G 核心网安全的"最后一公里"。

3.2.4.1 内生安全概述

内生安全问题是指那些因为新技术脆弱导致系统自身出现问题，而无法达到预设功能目标的问题。5G 核心网内生安全的提出背景便是要解决上述安全问题。通过安全防护体系，5G 业务系统安全、SDN/NFV 安全和云原生安全防护体系很好地消减了大部分脆弱性风险，但仍有一条"监控机制不足或不合理"的风险未被消减。在面临高级的、未知的威胁时，需要内生安全基于确定性提供最后一道安全防护免疫力，共同组建纵深、立体、全面的 5G 移动通信网安全防护体系。

当前行业内广泛意识到了仅凭外挂式安全设备和标准设计，很难防范对核心网拥有充分了解、掌握供应链 0Day、擅长使用社工手段从内部攻陷的 APT 组织。通用的 IT 安全产品通常缺乏对业务的分析，如对可靠性、性能、兼容性和业务视角的理解，这导致 IT 安全产品难以在实际中应用。想要守护好核心网安全的"最后一公里"，必须要依靠对产品的了解，基于核心网网元运行的确定性、网元实现的细粒度访问控制来最大限度地减少资源开销，从设计、开发、测试等各个环节保障对网元业务没有任何影响，并且可以理解业务信息，做出准确的判断。

本节介绍的内生安全是基于 5G 业务系统安全、SDN/NFV 安全和云原生安全防护体系的优秀设计和良好实践，在深刻理解 5G 网络确定性运行机制的基础上，补齐"监控机制不足或不合理"风险的消减措施。内生安全防护体系提供了确定性视角下的 5G 核心网安全建设理念。

5G 网络业务运行在确定性硬件、确定性系统、确定性软件、确定性进程、确定性文件、确定性端口上,拥有确定性资产和状态。5G 网元内生安全的目标是基于业务需要和特征构建硬件芯片层、操作系统层、虚拟化层、平台层、业务层内生安全能力,保障 5G 设备自身可信、安全、有韧性,同时提供辅助安全运维和运营的产品及组件,支撑运营商构建网络连接级韧性网络。

1. 内生安全架构

从 5G 设备业务和内部结构的角度分析,5G 设备软硬件环境包括支撑 5G 业务系统运行的硬件、操作系统、虚拟化组件、相关业务进程等,因此 5G 设备的内生安全应从这几个维度出发,基于纵深防护原则构建安全的软硬件环境,为业务运行提供保障。同时要结合安全检测技术,及时发现设备面临的各类攻击行为和异常行为。内生安全架构如图 3-19 所示。其中,系统安全防护、密码学保护和可信计算保护几乎在所有防护体系中均有涉及,属于共性的、基础的安全防护体系组成部分。

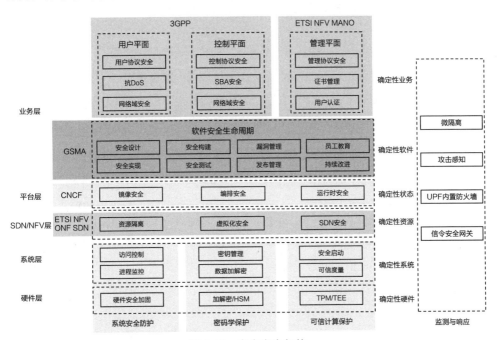

图 3-19 内生安全架构

（1）硬件层

硬件层为操作系统和业务进程提供基础保障，是操作系统和业务进程安全运行的基础。硬件层的安全设计以可信根技术为主，从硬件安全加固等维度构建安全的硬件环境，为上层提供可信计算环境、可信根，以及能防范硬件攻击的安全防护机制。

硬件安全模块（Hardware Security Module，HSM）是专用硬件模块，提供密钥管理、加密算法、随机数生成等功能。HSM 可以保护密钥和敏感数据，并提供强大的加密和解密能力，实现密码加速。

硬件层的可信执行环境（Trusted Execution Environment，TEE）提供了一个安全且独立于操作系统的执行环境，用于在 TPM 中运行敏感应用程序和处理敏感数据。TEE 通常由硬件支持，并提供加密存储、安全认证、安全输入、安全输出等功能。

安全存储与加密模块将敏感数据存储在加密容器中，确保数据在存储和传输的过程中得到保护。加密存储可以使用硬件加密模块或软件加密模块来实现。另外，在硬件层要构建物理防护措施，包括物理锁定、封闭式外壳、防篡改技术等，以保护设备免受物理攻击或未经授权的访问。

（2）系统层

系统层为业务进程运行提供安全的操作系统环境。系统层的安全设计通过将安全防护技术与安全检测技术相结合来实现。一方面通过安全启动、可信度量、访问控制、数据加解密等技术构建安全可信的操作系统；另一方面，基于进程监控、密钥管理等技术及时发现并缓解针对系统的攻击，如溢出攻击、权限提升、越权访问等。

- 系统安全防护：通过访问控制技术，提供基于角色和权限的操作精细化控制，以及对进程的细粒度强制访问控制。通过进程监控，对进程的账户、端口、文件的异常访问进行监控。

- 密码学保护：借助硬件安全能力为业务提供密钥管理、数据加解密服务，以保护业务机密数据的安全。

- 可信计算保护：通过安全启动确保设备在启动过程中只加载和执行经过数字签名验证的合法软件和固件，防止恶意代码或未经授权的修改被加载。通过可信度量，对系统运行过程中的文件、内存完整性进行实时度量，确保设备中的文件、内存数据从启动至运行，全过程均避免被恶意篡改。

（3）SDN/NFV 层

SDN/NFV 层提供云化场景下所需要的虚拟化组件和软件定义网络。该层主要面临逃逸攻击、绕过虚拟化机制访问宿主机资源、扰乱 SDN 运行等威胁。SDN/NFV 层的安全防护建立在网络的灵活性、网络边界的模糊性、安全管理的复杂性、单点防护的局限性和 SDN/NFV 的动态性上。

借助虚拟化和软件定义网络技术，可以将计算、网络、存储资源进行分配和隔离，将不同用户、程序或组织的计算和资源需求隔离，使它们相互独立，以提高安全性和系统的稳定性。通过虚拟机和容器技术，可以将物理硬件资源抽象并隔离，使不同用户或程序在各自的虚拟环境中运行。资源隔离可以通过子网划分、虚拟局域网技术和虚拟私有网络技术来实现，确保不同网络之间数据传输的安全性和独立性。在存储系统中，可以通过访问控制列表（ACL）、权限管理等技术来对数据进行资源隔离，保护用户数据的隐私和安全。NFV/SDN 层的安全防护包括虚拟化安全、SDN 安全等。

（4）平台层

平台层面向应用开发者和维护者，为其提供软件开发、部署、运行时管理、监控、故障恢复等服务。

- 抽象出基础设施资源池提供的资源，以应用为中心，实现资源自动分配和共享。
- 抽象出分布式复杂应用模型，以模型为基础，实现应用生命周期管理，包括软件包管理、多实例安装、网络创建和隔离、故障发现和恢复、监控、实时分析和弹性伸缩，以及无中断升级等。

○ 抽象出服务云化的特征，以服务为中心，提供多语言执行环境，实现服务治理能力，包括服务订阅、服务创建、多实例的服务路由、客户端和服务器端服务调用流量分析和控制、协议转换、高效服务间通信等。

平台层通过镜像管理提供安全的镜像访问控制、传输加密、漏洞修复和签名校验功能，保障镜像安全；支持编排能力安全加固、API 访问控制、API 加密认证和权限控制，保障编排安全；支持容器运行时加固、权限控制、资源限制和特权容器管理，保障运行时安全。

（5）业务层

业务层容纳了 5G 设备的核心业务功能，业务层的安全设计一方面基于安全防护和管理技术，将管理、控制、用户三个平面隔离，通过进程沙箱和权限最小化管理，严格控制业务进程能够执行的操作，使其符合业务规范要求；另一方面，通过安全检测技术，检测针对应用层的各类攻击行为，如非法访问、注入攻击等。

业务层支持各种管理平面、控制平面和用户平面的安全通信协议，如 TLS、IPSec 等，以保护设备之间的通信数据不被窃取或篡改。

业务层应具备用户认证与访问控制能力，确保只有合法的用户和设备能够相互连接或访问。业务层监控和访问控制提供了协议层互访精细化控制能力，例如信令级监控和访问控制、信令状态检测、信令异常分析等。

业务层还应记录设备运行期间的安全事件和活动，并提供日志管理和分析功能，这有助于追踪潜在威胁、排查故障和进行安全审计。

2. 内生安全防护方案

内生安全防护通过安全根技术确保设备从一开始就具备基础安全防护能力，并将这些基础安全防护能力与通信业务相结合，保证通信业务安全且能支撑运营商的安全运维与运营。

首先，构建安全根技术体系包括硬件芯片自研、操作系统加固、开源组件管理、数据隐私治理等方面。在产品层面保障设备自身安全，支撑设备供应商的安全战略和运营商的安全运维。比如，可信根是可信计算的根基，有了它才能确保上面的软件逐层得到校验，确保软件完整性得到校验；有了开源组件管理，确定组件涉及的产品和版本，销售往哪些地区和客户，才能根据漏洞情况迅速进行全球应急响应。

然后，基于安全根技术和对通信网业务和运营的理解，构建全栈安全加固、全栈安全校验、全栈安全监控和全栈安全响应能力，完成"自我识别、自我适应、多重保护"的内生保护机制，为运营商提供设备网元系统性和体系化防护方式，快速、精准和低耗地抵御外来入侵。

最后，提供安全组件保障运营商网络连接层的安全。比如，在安全建设阶段，软件完整性管理组件、安全配置管理组件可以确保电信软硬件按照监管规定和业务需求被正确地集成，安全功能正确启动；在安全运营阶段，事件管理组件和漏洞管理组件能及时将安全事件和安全漏洞同步给运营商运维中心，运营商可根据响应策略做出处置动作。

在电信设备网元级内生安全方案中，基于安全加固、安全校验、安全监控、安全响应的 PPDR 机制，能确保电信设备在产品全生命周期的安全。

（1）安全加固（P）

- 安全根技术：保障硬件芯片安全（可信根、芯片自身安全），系统安全（指令安全、安全保护），开源组件安全（开源组件管理、漏洞追踪管理），数据安全（可信计算/机密计算、证书/密钥管理）。

- 安全左移：安全 DNA 全面融入开发流程，通过明确责任、开展培训、开发工具和建立流程来确保安全战略被执行到位。

- 最小裁剪：包括冗余代码裁剪、冗余端口关闭、冗余账号删除、低安全级别加密功能去除等。

(2）安全校验（P）

- 软件校验：确保软硬件按照设计被正确集成。通过可信根逐层校验，对固件、操作系统、虚拟化软件和电信软件、补丁等进行校验，判断其是否被正确加载，确保其没有被篡改。

- 远程校验：确保软硬件按照预期运行。可对进程运行状态、静态数据库链接/动态数据库链接状态、内核模块运行状态进行校验和比对。

- 配置核查：确认设备的安全功能按照设计进行配置。提供安全配置工具，确保安全功能被正确开启，保证设备安全合规。

（3）安全监控（D）

- 系统层面：保证系统内部数据，如文件、进程、端口、账户是按需访问的，实现精细化控制。基于业务需要，按需对账户、文件、进程进行创建和访问监控，提供系统内部的操作系统级别的安全监控。

- 网络层面：实现设备、网元、虚拟机的 TCP/IP 层面按需访问和精细化控制。基于业务需要，对通信端口进行白名单访问监控，在访问层面实现网络层的微隔离和按需访问。

- 信令层面：实现网元信令（应用层）的按需访问和精细化控制。基于业务需要和特征，对信令流量进行白名单访问监控，实现信令层面的安全保护。

（4）安全响应（R）

- 威胁处置：在网元层面发现威胁并上报设备供应商，安全管理模块根据业务需要和特征提出可信检验、异常分析、威胁处置建议。

- 威胁同步：上报至运营商安全中台，安全中台通过 SOAR 机制决定安全事件威胁成立方式。

- 漏洞通知：设备商发现安全漏洞，基于自身漏洞管理体系，将漏洞同步给相关客户，并且给出修改建议，提升运维效率。

基于 5G 核心网的确定性，内生安全衍生出微隔离、攻击感知、UPF 内置防火墙、信令安全网关等能力。基于这些能力可实现安全预防、检测、防护、恢复的能力闭环，使 5G 网络具备"自主感知、自主检测、自主防护"的自动安全防护能力。

3.2.4.2 微隔离

云化 5G 核心网采用 SDN/NFV 等技术，并在大区集中部署。由于资源池目前大多采用二层解耦的架构，即虚拟层和网元大多属于同一厂家，所以虚拟化网元的同质化特点明显，导致一旦有一个虚拟化网元被攻陷，攻击者便很容易在资源池内部进行横向攻击。

当前资源池内部缺少对安全威胁的检测和防护手段，而部署在数据中心出口处、以检测南北向流量攻击为主的防火墙和 IPS，很难检测到资源池内部东西向流量的攻击并进行安全防护。并且，即使检测到攻击，也会因为内部东西向流量没有完整的可视化视图，而没法快速定位攻击源并进行处置，有可能处置时间很长，影响业务的正常运行。

为了解决资源池内部的东西向流量攻击问题，并解决第三方安全插件兼容性差、无法感知业务、问题定位困难等问题，内生安全解决方案提供了微隔离能力，针对网络云资源池内的东西向流量进行精细化的安全监控和访问控制，实现异常流量的识别和隔离。

微隔离最重要的两个特征是访问控制、内部流量的可视化分析。在云化电信网中，由于子操作系统（Guest OS）具有一定的私有性，所以现有的微隔离产品在云化电网中部署需要进行适配。另外，为了避免第三方微隔离产品的部署给网元或虚拟层带来性能影响，出现问题后定位困难，网元和虚拟层厂家也在开发自己的微隔离方案。

基于确定性内生安全理念，对微隔离架构、关键组件功能、接口、监控范围、安全策略管理、可视化进行设计和构建，可以做到细粒度访问控制和内部流量可视化管理。微隔离的关键功能和架构如图 3-20 所示。

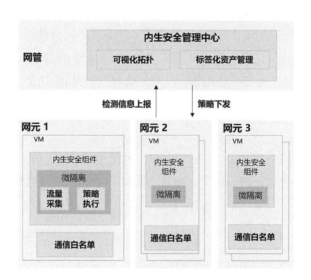

图 3-20　微隔离的关键功能和架构

概括来讲，微隔离的关键功能如下。

可视化拓扑：微隔离可将资源池内部的东西向流量攻击与业务进行区分。对于这些流量，只有通过可视化直观呈现才能准确展示横向移动发生的位置、受影响的资产及受影响的范围。通过可视化拓扑，将业务信息和安全威胁结合呈现，可支撑对网络云资源池内东西向流量的细粒度控制，将已经发生的安全威胁隔离在受限区域中。

标签化资产管理：微隔离是与业务紧密结合的内生安全功能，5G 移动通信网所使用的云原生技术代表其具有灵活、敏捷、微服务、多实例等特点。基于传统五元组的管理模式势必难以应用到 5G 移动通信网的细粒度访问控制中。将多层级的业务资产标签分门别类梳理好，就可以利用标签化的资产管理功能高效、敏捷、自适应地管理资产中的微隔离策略。这种结合业务实现机制的资产管理模式，也体现了内生安全理念基于网元确定性运行机理的优势。

策略跟随业务自动变化：为了适应业务需求的变化，5G 移动通信网通常使用较为灵活的开发模式和部署模式，5G 移动通信网支持按需求增加和减少容量。微隔离策略应能够跟随移动通信网的变化而变化。业务即便发生了变化也不会导致微隔离的防护功能受到影响。微隔离功能应能自动感知业务变化，并基于细粒度的保护策略在业务发生变化时生成新的策略并将其应用到发生变化的节点中。

实时流量采集与策略执行：微隔离应支持对所防护的网络通信流量进行实时采集和策略执行。在攻击者实施横向移动操作的过程中，微隔离应能够实时发现偏离业务运行预期的异常通信，将异常通信双方的相关信息收集并整理后供业务运维和安全运维部门分析。若确定该异常通信行为是攻击者在实施横向移动时产生的，则应支持通过一键处置的方式将异常通信中断。

对业务无影响：微隔离基于网络通信提供细粒度的分析和访问控制功能，一旦出现策略不准确的情况，则可能影响业务的正常运行。微隔离功能设计中首先需要考虑的就是如何确保不影响业务。通过分析网元的确定性运行机理，微隔离应能将网元运行过程中所需要的各种业务保护起来，确保不会将任何业务需要的通信误判为异常通信。满足5G移动通信网网元业务需要的方式主要有两种，一是基于自学习的方式，二是在网元设计、开发和测试的过程中同步生产。基于自学习方式会消耗大量时间进行总结归纳，但仍难解决准确性和可解释性的疑虑。通过第二种同步生产的方式，可以产出解释性好、覆盖全面的业务通信关系清单（可以随着业务的演进而一同演进），结合微隔离功能本身的高可靠、低开销的特性，能真正做到对业务无影响。

3.2.4.3 攻击感知

资产管理功能模块能对网元设备进行识别和纳管，为其他功能模块提供资产基础信息。通过资产列表，可以更快、更准确地查询业务资产、虚拟机、物理机、系统账号等资产信息，及时发现资产风险并根据提示进行处理。

攻击感知就像网络中的防盗警报一样，其作用是对系统中的任意恶意事件发出警报。攻击感知技术的发展过程也是攻击与防御技术的抗衡过程。攻击感知技术发展到当前阶段，主要以安全管理、协议分析、模式匹配和异常统计技术为主。建立全局的主动保障体系，具有良好的可视化、可控性和可管理性。

在未发生攻击时，攻击感知系统主要考虑网络中的风险信息，评估和判断可能形成的攻击和将面临的威胁。在发生攻击或即将发生攻击时，攻击感知系统不仅要检测入侵行为，还要主动响应和抵御入侵行为。在受到攻击后，攻击感知系统还要深入分析入侵行为，并通过关联分析来判断接下来可能出现的攻击行为。

通常，传统的安全检测及防护技术以安全攻击为中心，通过了解尽量多的安全攻击方式，收集尽量多的攻击特征，开展基于攻击特征的安全检测，也常常以检测攻击数量多少为优劣判断标准。5G 安全以业务为中心，要求为 5G 网络提供确定性的安全保障，需要充分发挥 5G 在用户、行为、网元访问关系、云资源、数据等确定性指标上的特征优势，基于安全内生的方式守护业务所需资源及状态的安全稳定，满足业务需求，确保安全可预期、可管理。

5G 网络的确定性安全保障要满足 5G 技术在重要行业中的安全要求，并确保不会影响 5G 在业务方面的时延、抖动等要求。为满足 5G 安全要求，应在 5G 核心网网络层实现拓扑隐藏（对外不可见）、精准访问控制（网元通信矩阵最小化）等可验证的零失误安全保障能力，以及在资源（包括云平台）层实现进程安全（进程完整性/数量确定）、文件安全（文件完整性/文件数量确定）、数据安全（内容/格式无异常）、协议安全（协议字段/格式无异常）、服务安全（端口及协议固定/通信内容格式确定）等可验证的零失误安全保障能力。与基于攻击特征匹配的安全检测、防护中存在误报等不确定性相比，确定性安全可达成 5G 网络零失误安全保障，确保安全可预期、可管理。

攻击感知的架构如图 3-21 所示。

图 3-21 攻击感知的架构

概括来讲，攻击感知的关键功能如下。

攻击威胁业务视角呈现：5G 移动通信网的攻击感知应能够结合 5G 核心网的业务信息呈现攻击威胁。针对核心网的攻击往往是具有明确目的和充分准备的。攻击者通常会精心选择具有重要功能的业务节点进行潜伏和提权。由于核心网自身的规模和复杂性，与业务信息未产生关联的安全事件往往难以快速和准确地判断攻击者的意图。这也为后续的威胁分析、取证和恢复带来了难度。内生安全的攻击感知系统应当具备将发现的攻击威胁和业务信息关联呈现的能力，帮助分析人员快速准确地判断攻击者的意图。

实时检测：攻击感知功能应能实时发现攻击行为，并结合具体的操作厘清攻击者使用的攻击手段。攻击感知应支持对攻击者的恶意行为、异常账号、权限提升和信息破坏等的检测和分析，并结合受影响的业务给出安全风险的评估和处置建议。

低开销：5G 核心网业务对于资源使用和业务稳定性有着极高的要求，攻击感知的实时检测能力不应使用容易产生业务影响或资源消耗较高的方案。因为实时检测或抢占业务资源都存在影响业务平稳运行的风险。攻击感知的设计目标应该是在极低的资源限制下，以不影响业务运行的方式发现威胁。在可能与业务出现抢占的 CPU、内存、存储设备、网络、I/O 等资源中均应进行严格的资源设计和限制。

对业务无影响：攻击感知功能应充分考虑业务需要。与微隔离相似，攻击感知也应通过分析网元的确定性运行机理，生产进程、文件等白名单基线。确保网元业务所使用的进程、文件等不会被错误地判断为攻击行为。当网元运行在高负载场景下时，攻击感知应通过技术手段保障网元业务对于资源使用的优先级。

3.2.4.4 UPF 内置防火墙

UPF 处于用户平面的核心位置，承担着 5G 海量数据的处理和转发任务。UPF 应能够为用户提供极致的转发体验，满足日益增长的带宽诉求。UPF 提供的转发功能也面临着来自移动用户的网络威胁。通过 UPF 内置的防火墙，可以在不影响业务数据处理能力的前提下提供诸多功能。概括来讲，UPF 内置防火墙的关键功能如下。

防 DDoS：支持在转发移动用户分组的数据流量时对数据流量进行 DDoS 攻击检

测和过滤，防止恶意或被控制的移动用户作为攻击源发起 DDoS 攻击。

APN ACL 包过滤：在转发 APN 的上行、下行用户平面流量时，基于 APN 指定 ACL 包过滤策略进行检测，对满足 ACL 过滤规则的报文按照策略中指定的转发/丢弃动作进行处理。这样可以防止终端用户或网络侧用户在该核心网方案承载的上行、下行用户平面流量中进行非法访问，从而避免恶意攻击，保证网络和用户的安全。

用户平面流量源 IP 地址欺骗检测及过滤：正常用户都使用经过授权的 IP 地址进行通信，但也存在一些终端用户或网络用户在通信时挪用其他用户的 IP 地址，进行 IP 地址欺骗、流量攻击等非法活动。用户平面流量源 IP 地址欺骗检测及过滤是指在转发上行、下行用户平面流量时，检测并丢弃发生源 IP 地址欺骗的报文，从而避免恶意攻击，保证用户的安全。

APN ACL 用户平面流量路由策略：基于 APN 指定 ACL 路由策略，该核心网方案在转发 APN 的上行、下行用户平面流量时进行检测，对满足 ACL 过滤规则的报文按照策略中指定的目标 IP 地址进行路由转发，不再按照报文本身的目标 IP 地址进行路由转发。

3.2.4.5　信令安全网关

信令是移动通信网的神经中枢，它承载着控制和管理网络通信的关键任务。利用移动通信网中的信令进行攻击，可以劫持通信、获取用户数据，甚至能导致大面积网络瘫痪，严重危害工业生产和国家安全。由于移动通信网全球互联互通的天然属性，恶意攻击者可以租用境外运营商信令链接，从而发起针对全球任何移动通信网的信令攻击。传统安全防护手段无法检测这些攻击，因此信令攻击具有距离远、范围广、跨代际、高隐蔽等特性。

近年来，国际重大冲突事件中往往伴随着大规模的网络攻击活动，移动通信网作为关键信息基础设施也日益成为网络空间攻防对抗的前沿。据报道，针对移动通信网而言，信令攻击已经成为除传统 DDoS、钓鱼之外增长最明显的攻击方式之一。因此，需要创新安全技术手段进行安全检测和防护，这也是当前亟须开展的工作。要面向移动通信网建立符合统一标准的信令安全检测和防护手段，推动行业形成安全共识，进一步夯实我国移动通信网的安全基础，提升关键信息基础设施安全防护能力，筑牢工业生产和国家安全屏障。

基于运营商移动通信网的信令安全检测和防护要求，涉及网内信令安全、网间信令安全、国际漫游信令安全三部分，应聚焦当前信令安全领域的常见安全问题，如通信劫持、数据窃取、拒绝服务、网络入侵、计费欺诈等，来设计信令安全检测方案。同时，应基于检测到的问题提出相应的安全防护要求。信令安全检测和防护技术要求是对现有移动通信网安全防护体系的必要补充，在保障网络设备安全运行的基础上，确保了信令层面的可管、可控，提升了移动通信网的整体安全防护能力。

概括来讲，信令安全网关的关键功能如下。

网内信令安全：作为信令安全纵深防护体系的最后一道防线，需要对网内的信令进行检测，实现网内信令的可管、可控。网内信令攻击可分为基于终端设备的网内信令攻击与基于网元的网内信令攻击。基于终端设备的网内信令攻击通过 IoT 等终端设备触发网内信令异常，造成信令风暴等攻击效果。基于网元的网内信令攻击使用传统方式入侵 5G 核心网网元，应用信令建立隧道绕过传统安全检测，或反之使用信令攻击入侵网络，应用传统方式窃取用户信息并传出网络。因此，网内信令安全检测在分析通信业务流程上下文的基础上，也需要考虑对终端设备行为进行统计与分析，对网络层攻击、系统层攻击与信令层攻击进行关联分析。

网间信令安全：网间信令是指两个网络间的交互信令，如两个不同运营商网络间的交互信令、同一运营商的两个网络间的交互信令等。此前，针对移动通信网的安全建设侧重对资源池间、不同网域间的隔离和防护，使得传统 IT 网络攻击跨资源池、跨网域、跨大区的难度增加。然而，信令攻击依托业务信令，具有明显的"互联互通、全程全网"的特点，可以跨资源池、跨网域、跨大区传播。运营商任一网络设备遭到入侵，其形成的网间信令攻击威胁都可以覆盖运营商全网；与此同时，专网下沉、异网漫游等新业务场景使网间信令安全的范畴扩展至大网与专网间、大网与异网间，这使网间信令安全风险被进一步放大。因此，应针对网间信令安全风险部署相应的检测机制。

国际漫游信令安全：国际漫游信令承载运营商间的互联互通业务，应针对国际漫游信令格式、信令接口、信令协议、信令内容与信令逻辑进行检测，识别滥用国际漫游信令进行恶意攻击的行为。

第 4 章

ToB：5G 专网安全防护

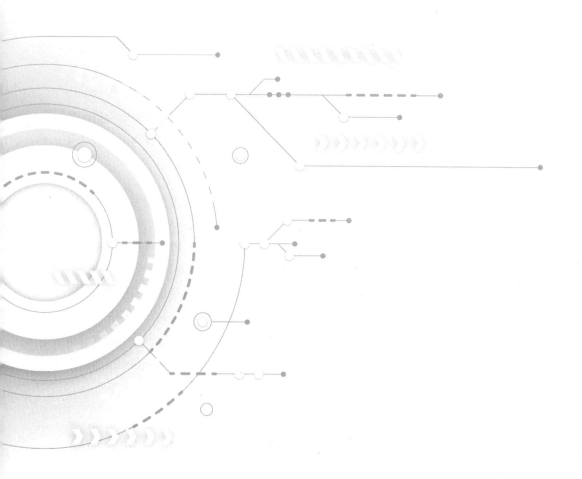

面向行业客户（ToB）的 5G 专网，其安全焦点除了包含下沉网络本身的安全，也包含对行业应用的安全防护。

4.1 5G 专网架构及安全风险分析

4.1.1 5G 专网典型应用场景

本节将介绍 5G 专网的典型应用场景。

1. 钢铁

"十三五"期间，我国主要钢铁企业装备制造达到了国际先进水平，智能制造在钢铁生产制造、企业管理、物流配送、产品销售等方面的应用不断加强，但仍存在着发展不平衡、行业基础薄弱、智能化未成为主要生产模式及核心知识掌握不足等问题。钢铁行业从"制造"向"智造"转型离不开工业互联网、5G、大数据、云计算、人工智能等技术和平台的支撑。

钢铁"智造"的应用场景如表 4-1 所示。

表 4-1 钢铁"智造"的应用场景

价值	场景	类别	应用举例/效果
无线代替有线	产线高清视频监控	机器视觉类	保护财产、提升自动化水平、生产调度、应急处置
	融合通信	人员通信类	实现语音、GIS、视频、数据多业务融合，进行群组信息共享
	5G AR 远程装配	远程辅助类	降低作业风险、提高工作效率、降低企业成本
机器代替人	5G + AI 钢材表面质检	机器视觉类	提升抽检率、降低成本、提高品质，实现非接触处理、高精度检测、缺陷分类
	无人天车	控制类	提高天车运行效率、节约劳动成本、避免人为不规范操作、分析最优路径
	AI 智能配煤	大数据 AI 类	降本增效、精细化管理、智能环保监控

续表

价值	名称	类别	应用举例/效果
链接更多设备	5G设备点检与监测	巡检类	提前预警、节约开支、提升维修效率、释放巡检人力
	智慧照明	控制类	采光对象分析、单灯调控,同时具有其他互联网或物联网功能
	高精度定位	定位类	灵活放置定位标签、电子围栏、自动考勤、物资管理、自动巡检、实时显示、呼叫求救
	无人库房	控制类	远程管理、减少人力、提升仓库管理效率

5G高清视频监控方案架构如图4-1所示。

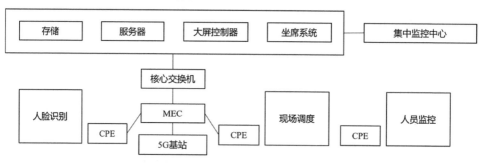

图4-1 5G高清视频监控方案架构

2. 煤矿

2020年2月,国家发展改革委、国家能源局、应急管理部、国家煤矿安监局(现名国家矿山安全监察局)、工业和信息化部、财政部、科技部、教育部联合印发《关于加快煤矿智能化发展的指导意见》,开启了煤矿智能化的新篇章。目前已经研发出了矿用5G系统并在煤矿井下应用。煤矿智能化的应用场景如表4-2所示。煤矿智能化是新一代信息技术和煤矿开发技术的深度融合。5G技术的应用有力地促进了煤矿智能化的高质量发展。

表 4-2　煤矿智能化的应用场景

场　景	类　别	应用举例
视频传输	机器视觉类	广泛用于煤矿井下作业场景，如皮带机各处、机电硐室、车场各部、采煤工作面、采煤机、掘进工作面、瓦斯抽采钻场、机器人巡检等
物联网	人员通信类	广泛用于井下需要物联网传输数据的场景，如顶板离层监测、冲击地压监测、地应力监测、通风监测、斜井监测等
设备数据传输	远程辅助类	广泛用于需要数据传输的场景，如激光扫描成像、惯性导航、分散设备的数据监测、手持终端等
移动巡检	巡检类	广泛用于井下应用巡检的主要场所，如变电所、水泵房、皮带机、井筒、管道、采煤工作面等
远程控制	控制类	广泛用于基于 5G 高质量承载管道的场景，如采煤机、液压支架、掘进机、无轨胶轮车、电机车、单轨吊等

5G 煤矿专网方案架构如图 4-2 所示。

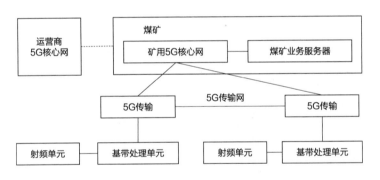

图 4-2　5G 煤矿专网方案架构

3. 港口

港口作为交通运输的枢纽，在工业 4.0、互联网+、5G 大发展的时代背景下，也在进行数字化、自动化、智能化的转型升级。"智慧港口"对通信连接有着低时延、大带宽、高可靠性的严格要求。结合基于 5G 虚拟园区网的港口专网方案和端到端应用组件，5G 为港口解决好自动化设备的通信问题提供了全新方案，为"智慧港口"的建设注入了新动力。智慧港口的智能化应用场景如表 4-3 所示。

表 4-3 智慧港口的智能化应用场景

场景	类别	应用举例
龙门吊远程控制	控制类	在龙门吊上安装摄像头和 PLC,司机在中控室观看多路实时视频进行操作,完成龙门吊所有动作,如吊车吊具精准移动、抓举集装箱等
桥吊远程控制	控制类	桥吊的通信需求分为远程控制和监控两类,相较于龙门吊时延要求更高
AGV 集卡跨运车控制	控制类	AGV 集卡也将具有远程控制能力,当 AGV 集卡在作业场中出现故障时,操作人员可通过摄像头查看周边环境,进行故障判断,并可远程操作集卡退出故障区
视频监控与 AI 识别	机器视觉类	吊车摄像头对集装箱编码 ID 进行 AI 识别,自动理货;对司机面部表情、驾驶状态进行智能分析,对疲劳、瞌睡等异常现象进行预警;进行车牌号识别、人脸识别、货物识别管理;利用无人机、机器人进行快速智能巡检

5G 智慧港口专网方案架构如图 4-3 所示。

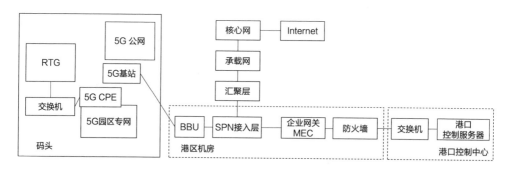

图 4-3 5G 智慧港口专网方案架构

4. 电力

智能电网的概念涵盖了提高电网科技含量,提高能源综合利用效率,提高电网供电可靠性,促进节能减排,促进新能源利用,促进资源优化配置等内容。智能电网是一项社会联动的系统工程,以最终实现电网的经济效益和社会效益的最大化为目标,代表着未来的发展方向。电力专网的业务类型和典型应用场景如表 4-4 所示。

表 4-4 电力专网的业务类型和典型应用场景

业务类型	典型应用场景
控制类	智能分布式配电自动化、用电负荷需求侧响应、分布式能源

续表

业务类型	典型应用场景
采集类	高级计量、智能电网大视频应用（包括变电站巡检机器人、输电线路无人机巡检、配电房视频综合监控、移动式现场施工作业管控、应急现场自组网综合应用等）

5G 电力专网业务切片方案架构如图 4-4 所示。

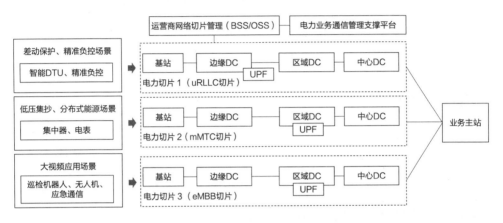

图 4-4 5G 电力专网业务切片方案架构

4.1.2 5G 专网架构

为了满足重点行业业务运行不中断、网络封闭隔离和数据安全等方面的需要，业内形成了分级分层的"网络专用"方案，包括 UPF+下沉、定制化核心网下沉及全量核心网下沉三种细分下沉模式。

1. UPF+下沉

UPF+下沉是应急方案。该方案以 UPF 为主体，内部集成本地 AMF、SMF、UDM。正常时，UPF+作为用户平面，与大网控制平面共同承载业务；当大网控制平面全阻时，UPF+中的本地 AMF、SMF 及 UDM 临时接管控制平面工作。该方案适用于大网控制平面中断时业务可用的场景，如矿井、大型港口等场景。方案架构如图 4-5 所示。

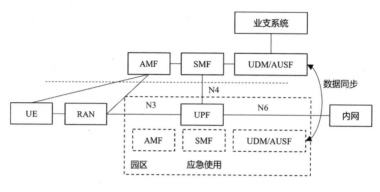

图 4-5　UPF+下沉方案架构

2. 定制化核心网下沉

定制化核心网下沉，也叫部分下沉，可按照 UDM 是否备份分为基础方案和增强方案两种。若 UDM 不备份，则为基础方案；若 UDM 备份，则为增强方案。

基础方案：AMF、SMF、UPF 下沉部署，UDM 使用大网网元，适用于有端到端专用隔离场景的行业，如能源行业等。方案架构如图 4-6 所示。

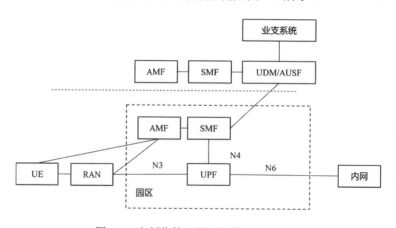

图 4-6　定制化核心网下沉基础方案架构

增强方案：AMF、SMF、UPF 及本地 UDM 下沉独立部署，本地 UDM 需要与大网 UDM 同步本地用户签约数据，正常情况下使用大网 UDM，仅在与大网 UDM 失联时才使用本地 UDM。该方案同样适用于有端到端专用隔离场景的行业，如能源行业等。方案架构如图 4-7 所示。

第 4 章 ToB：5G 专网安全防护 105

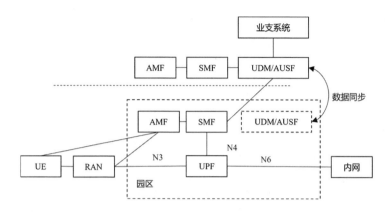

图 4-7 定制化核心网下沉增强方案架构

3. 全量核心网下沉

全量核心网下沉方案为 AMF、SMF、UPF、UDM 均下沉部署，且与大网核心网无任何交互，适用于专网专用且与大网完全隔离的行业，如核工业、煤矿行业等。方案架构如图 4-8 所示。

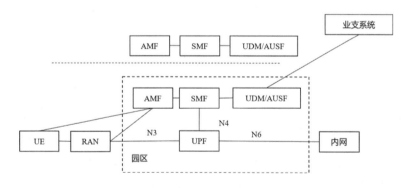

图 4-8 全量核心网下沉方案架构

4.1.3 5G 专网安全风险分析

在传统网络中，企业网络是封闭的，各种设备终端从园区局域内网接入，应用只对内部开放，数据在企业园区内流动。若设备终端通过 5G MEC（移动边缘计算）接入，则会带来诸多变化：运营商 5G 专网引入了企业不可管设备；移动性增强，新增暴露面；数据虽在园区内，但流经运营商管理的设备；部分应用和数据在边缘。这些变化在终端、链路、应用、网络边界、安全运维等方面引入了诸多安全威胁和挑战。

结合 5G 专网业务需求和网络架构，如图 4-9 所示，5G 专网安全风险主要集中在终端接入、通信网络、MEC、边界和管理这五个维度。

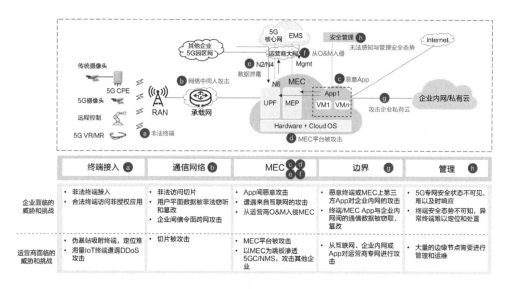

图 4-9　5G 专网安全风险

1. 终端接入安全风险

非法终端接入网络会消耗网络资源，同时攻击者可以利用非法终端对企业网络发起攻击。一旦攻击者利用大量非法终端对网络侧设备进行攻击，就可能造成网络拥塞、拒绝服务、网络设备故障等重大事故。非法终端包括未经授权的 SIM 卡用户、窃取合法的 SIM 卡插入恶意终端的用户、在未经授权区域接入网络的恶意用户等。

2. 通信网络安全风险

UE 接入 5G 网络进行业务通信，用户平面数据经过 N3 接口在基站的 MEC 传输过程中存在被非法窃听或篡改的风险。

3. MEC 安全风险

边缘节点的计算资源、通信资源、存储资源较为丰富，承载了多个企业的敏感数据存储、通信和计算服务；一旦攻击者控制了边缘节点，并利用边缘节点进行进一步的横向或纵向攻击，便会严重破坏应用、通信、数据的保密性、可用性和完整性，给用户和社会带来广泛的新型安全风险。与此同时，边缘节点常被部署在无人值守的机房，且在安全生命周期内存在多重运营者和责任方，这给物理安全防护及安全运营管理带来了更多的挑战。

（1）MEC 网络接口安全风险

在移动边缘架构下，接入设备数量多、类型多，多种安全域并存，安全风险点增加，网络更容易受到分布式拒绝服务（DDoS）攻击。5G 边缘节点部署位置下沉，导致攻击者更容易接触到边缘节点硬件。攻击者可以通过非法连接访问网络端口，获取网络传输数据。此外，传统的网络攻击手段仍然可能威胁边缘计算系统，例如，恶意代码入侵，缓冲区溢出，数据的窃取、篡改、丢失和伪造等。

（2）硬件环境安全风险

相比于核心网中心机房完善的物理安全措施，边缘节点可能被部署在无人值守机房或者客户机房中，甚至人迹罕至的地方，所处环境复杂多样，防护与安保措施往往较为薄弱，存在受到自然灾害而引发的设备断电、网络断链等安全风险，此外更易遭受物理接触攻击，如攻击者近距离接触硬件基础设施、篡改设备配置等。攻击者可非法访问物理服务器的 I/O 接口，以获得敏感信息。

（3）虚拟化安全风险

在边缘计算基础设施中，容器或虚拟机是主要的部署方式。攻击者可篡改容器或虚拟机镜像，利用 Host OS 或虚拟化软件进行攻击，针对容器或虚拟机进行 DDoS 攻击，利用容器或虚拟机逃逸攻击主机及主机上的其他容器和虚拟机。

（4）边缘计算平台安全风险

5G 边缘计算平台（MEP）本身是基于虚拟化基础设施部署的，对外提供应用发现、通知功能的接口。攻击者或者恶意应用可能对 MEP 的服务接口进行非授权访问，拦截或者篡改 MEP 与 App 之间的通信数据，对 MEP 实施 DDoS 攻击。攻击者也可以通过恶意应用访问 MEP 上的敏感数据，窃取、篡改和删除用户的敏感隐私数据。

恶意第三方 App 或者不可信的第三方 App 存在安全漏洞，可能给 MEC 平台带来风险，攻击者可以通过第三方 App 攻击 MEC，进而攻击核心网。

核心网平台云化/虚拟化会带来资源共享风险，存在资源抢占、虚拟网络非法访问、虚拟机/容器逃逸、越权访问等风险。

（5）应用安全风险

边缘节点连接海量的异构终端，承载多种行业应用，终端和应用之间采用的通信协议具有多样化的特点，多数以连接可靠性为主，并未像传统通信协议一样考虑安全性，所以攻击者可利用通信协议漏洞进行攻击，包括拒绝服务（DoS）攻击、越权访问、软件漏洞、权限滥用、身份假冒等。

MEP 上可能会部署多个第三方 App，因此会存在 App 之间非法访问的安全风险，以及第三方 App 恶意消耗 MEC 平台资源造成系统服务不可用的安全风险。

边缘应用种类繁多，承载高可靠性、低时延类应用，MEP 更容易受到攻击，从而造成重大的损失。由于边缘节点的资源受限，因此可能因为缺乏有效的数据备份、恢复及审计措施，导致攻击者修改或删除用户在边缘节点上的数据以销毁某些证据。

（6）能力开放安全风险

MEC 为边缘计算提供了一个应用承载的平台。为了便于用户开发所需的应用，MEC 需要为用户提供一系列的开放 API，允许用户访问与 MEC 相关的数据和功能。这些 API 为应用的开发和部署带来了便利，但也成了攻击者的目标。如果缺少有效的认证和鉴权手段，或者 API 的安全性没有得到充分的测试和保障，那么攻击者将有可能通过仿冒终端接入、漏洞攻击、侧信道攻击等手段，达到非法调用 API、非法访问或篡改用户数据等恶意攻击的目的。

4. 边界安全风险

控制平面和用户平面分离，用户平面下沉会使 N4 互相仿冒对端而产生风险，同时存在控制信令泄露的风险。另外，恶意终端或 MEC 上的第三方 App 可能会对企业内网发起攻击，终端/MEC App 与企业内网间的通信数据会被窃取、篡改，企业内网也可能会攻击 MEC 上的应用。

5. 管理安全风险

管理安全风险主要包括内部人员恶意非法访问、使用弱口令等。对于运营商来说，边缘节点分布式部署意味着有大量的边缘节点需要进行管理和运维。为了节省人力，边缘节点依赖远程运维，如果升级和补丁修复不及时，则会导致攻击者利用漏洞进行攻击。运维面权限管理不当可能导致用户信息、网络配置信息等的非授权访问，恶意用户通过攻击运维面进而攻击 MEC 及 App。

4.2 5G 专网安全防护体系

4.2.1 下沉安全

4.2.1.1 策略与目标

1. 安全策略

面向未来更多的业务场景、接入方式、设备形态、商业模式，更高的隐私保护需求，以及新型网络架构的安全需求，5G 专网提供了一系列的安全防护措施以化解或降低潜在的安全风险，确保网络业务的连续性，保护商业机密和终端用户隐私。

2. 安全目标

5G 专网安全防护体系旨在构建韧性网络，确保网络的机密性、完整性、可用性和可追溯性。

- 机密性：指关键信息不被泄露给未经授权的用户、实体。

- 完整性：指数据未经授权不能被改变。

- 可用性：指可被授权进行实体访问，避免拒绝服务、破坏网络，保障有关系统的正常运行。

- 可追溯性：指提供历史事件的记录，为出现的网络安全问题提供调查的依据和手段。

4.2.1.2 下沉安全防护体系

1. 基础设施安全

根据 ETSI 的 MEC 架构、MEC 应用和 MEC 平台等，可基于虚拟机或容器进行部署，应考虑基础设施安全，具体包含以下安全要求。

物理基础设施安全：服务器、网络设备、存储设备等硬件设备应禁止使用默认密码或弱密码，应对硬件设备管理接口的访问及调试功能的使用进行严格的控制，部署边缘计算的物理环境应足够安全，防止非法物理访问。

虚拟化基础设施安全：当使用虚拟机部署 MEC 应用或 MEC 平台时，应支持虚拟机使用的 vCPU、内存及 I/O 等的安全隔离手段，支持镜像签名，防止非法访问和篡改等。当使用容器部署 MEC 应用或 MEC 平台时，应支持容器之间资源的安全隔离，保障镜像仓库的安全。

2. UPF 安全

UPF 作为运营商网络的数据平面转发设备，在边缘计算中负责向边缘计算应用转发终结在边缘的数据流，应满足以下安全要求。

- 物理安全：UPF 应部署在运营商可控的、具有基本物理安全环境保障的机房中，如核心网机房、基站机房；UPF 网元应具备物理安全保护机制，如防拆、防盗、防恶意断电、防篡改、设备自动断电/重启、链路断开等问题发生后触发告警。

- 内置安全通信功能：UPF 应内置安全通信功能，如支持 IPSec 协议，与核心网网元及 MEC 应用之间建立安全通道，保护传输数据的安全。

- 分流策略安全：应支持 UPF 上存储的分流策略防篡改功能，并能检测分流策略之间是否存在冲突。

- 信令流量控制功能：UPF 应支持限制发给 SMF 的和从 SMF 接收的信令数据的大小，防止信令流量过载。

- 流量镜像功能：UPF 应支持将流量镜像映射到指定的设备。

- 流量日志：UPF 的流量日志应支持记录关联用户手机号、时间、流量大小、网址等信息。

- 网络安全隔离：对于园区/企业场景，应在 UPF 和园区/企业网应用之间部署防火墙和 IPS 来进行网络隔离。

- 对边缘计算应用的访问控制：UPF 应拒绝转发边缘计算应用发送给核心网网元的报文及恶意代码等。

- 对 UE 的安全保护：UPF 应拒绝转发边缘计算应用主动发送给 UE 的报文。

- 对 UE 的访问控制：UPF 应支持对 UE 进行访问控制，如设置 UE 之间是否可以互访，UE 是否可以访问某网段设备地址等。

3. MEC 平台安全

MEC 平台应满足以下安全要求。

- 访问控制：MEC 平台应支持对来自数据平面网关、MEC 平台管理、MEC 应用等的访问进行认证和授权。

- 网络安全：对于 MEC 平台和 MEC 应用通信的网络，以及 MEC 平台和核心网 NEF、UPF 通信的网络，应进行安全隔离。

4. 应用安全

应用安全包括 MEC 应用安全及终端 App 安全，具体包括以下安全要求。

- MEC 应用安全管控：应支持对 MEC 应用进行安全评估，包括安全合规检查和审核、暴露面资产管理、病毒扫描等。

- 访问控制：应支持对来自 MEC 平台或 MEC 应用的访问进行认证和授权。

- 终端 App 安全评估：应支持对终端 App 进行安全评估，包括安全合规检查和审核、病毒扫描等。

5. MEC 编排和管理安全

MEC 编排和管理系统应满足以下安全要求。

- 访问控制：MEC 编排和管理系统的网元应支持对接口上的访问进行认证和授权。

- MEC 应用生命周期管理安全：应支持保障 MEC 应用生命周期管理相关操作的安全，如 MEC 应用在加载和实例化时应支持验证管理员的身份和权限，应支持验证 MEC 应用镜像的完整性等。

6. 通信安全

通信安全的具体要求如下。

- 边缘计算架构中的各实体之间进行通信时，应支持使用安全协议（如 TLS v1.2 及以上版本）建立安全通道，保护传输数据的机密性和完整性。

- 边缘计算实体与其他实体（如远程维护服务器、其他 MEP、5G 能力开放功能 NEF 等）进行通信时，应支持使用安全协议（如 SSHv2、TLS v1.2 及以上版本）建立安全通道，保护传输数据的机密性和完整性。

7. 能力开放安全

当无线网络管道能力、核心网能力以开放的方式被提供给边缘计算应用或平台时，应满足以下安全要求。

- 能力开放数据的安全传输：应保护能力开放数据的机密性和完整性。

- 能力开放数据的安全存储：应支持对能力开放数据进行加密存储，并防止非法篡改和非法访问。

- 能力开放数据的安全擦除：应支持对不再使用的能力开放数据进行安全擦

除，防止数据泄露。

8. 组网安全

组网安全包含以下具体要求。

- 网络平面隔离：边缘计算应支持管理平面、业务平面、存储平面等不同平面间流量的物理隔离，保证流量在物理层面互不干扰，同一平面不同功能接口之间可采用逻辑隔离。

- 安全域划分：应按照资产的安全属性，如安全级别、安全风险、安全弱点等划分安全域，同一安全域内的系统有着较高的互信关系，并具有相同或者相近的安全访问控制策略。不同安全级别的安全域之间应实现安全隔离。

9. 管理安全

管理安全包含以下具体要求。

- 证书管理：边缘计算系统中使用数字证书的实体应使用标准格式的证书，具备证书有效期管理、证书失效前预警（如提前 3 个月、1 个月、10 天预警）功能，提供证书的查询、替换接口等功能。

- 流量限制：UPF、MEC 平台、MEC 应用及 MEC 编排和管理系统均应支持对超过门限的流量进行限制。

- 漏洞、端口和服务检查：应支持使用安全工具对 MEC 编排和管理系统进行扫描，保证不存在高危漏洞及未使用、不必要的端口和服务。

- 敏感数据保护：UPF、MEC 平台、MEC 应用及 MEC 编排和管理系统均应支持对敏感数据（如证书、私钥、业务数据等）的保护，防止非法访问和篡改等。

- 安全基线：虚拟化基础设施、UPF、MEC 平台、MEC 应用及 MEC 编排和管理系统均应对其使用的操作系统、中间件、数据库及 Web 管理接口进行安全加固，满足安全基线的要求。

- 用户签约控制：边缘计算系统应保障只有签约边缘计算业务的用户才能够访问边缘计算 App。

4.2.1.3 下沉安全防护方案

下沉安全防护方案如图 4-10 所示，其核心思路是围绕企业 5G 专网，基于运营商的能力开放平台，将运营商下沉专网的安全能力开放给企业。它包括下沉专网自身的安全、终端接入控制、异常终端监控、传输安全、企业边界安全、安全能力开放等。实现相关能力的关键技术将在后续介绍。

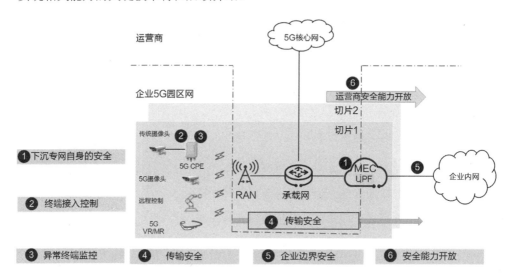

图 4-10　下沉安全防护方案

1. 下沉专网自身的安全

（1）组网安全

在 5G 边缘云计算平台中除了要部署 UPF 和 MEP，还要考虑在 MEC 上部署第三方 App，其基本组网安全防护方案如下。

- 三平面隔离：对于服务器和交换机等，应支持管理、业务和存储三平面物理/逻辑隔离；对于业务安全要求级别高且资源充足的场景，应支持三平面物理隔离；对于业务安全要求级别不高的场景，应支持三平面逻辑隔离。

- 安全域划分：UPF 和通过 MP2 接口与 UPF 通信的 MEP 应部署在可信域内，和自有 App、第三方 App 处于不同安全域，根据业务需求实施物理/逻辑隔离。

- Internet 安全访问：对于有 Internet 访问需求的场景，应根据业务访问需求设置 DMZ（隔离区），并在边界提升抗 DDoS 攻击、入侵检测、访问控制、Web 流量检测等安全能力，做好边界安全防护。

- UPF 流量隔离：UPF 支持设置白名单，针对 N4、N6、N9 接口分别设置专门的 VRF；UPF 的 N6 接口流量应通过防火墙进行安全控制。

（2）UPF 安全

5G 核心网功能随着 UPF 下沉到 5G 网络边缘，增加了核心网的安全风险。因此，部署在 5G 网络边缘的 UPF 应具备电信级安全防护能力。UPF 需要遵从 3GPP 安全标准和行业安全规范，获得 NESAS/SCAS 等安全认证和国内行业安全认证。部署在边缘的 UPF 应能与主流核心网设备互操作且接口兼容。UPF 安全要求主要包括网络安全要求和业务安全要求。

UPF 网络安全要求如下。

- 支持网络不同安全域隔离：UPF 应支持对网络管理域、核心网网络域、无线接入域等进行 VLAN 划分隔离。UPF 的数据平面与信令平面、管理平面应能够互相隔离，避免互相影响。

- 支持内置接口安全功能：位于园区客户机房的 UPF 应支持内置接口安全功能，如支持 IPSec 协议，与核心网网络功能接口建立 IPSec 安全通道，保护传输数据的安全。

- 支持信令数据流量控制：UPF 应对来自 SMF 的信令流量收发进行限速，防止发生信令 DDoS 攻击。

- 支持同一个 UPF 下的终端互访策略：对于终端用户之间的互访，UPF 可以根据运营商策略进行配置，决定是否允许互访。UPF 还应支持把终端互访报文重定向到外部网关,由网关设备来决定是禁止还是允许终端互访。

- 支持 UPF 流量控制:UPF 应对来自 UE 或者 App 的异常流量进行限速,防止 DDoS 攻击。

- 支持内置安全功能:内置虚拟防火墙功能,实现安全控制(如 UPF 应拒绝转发边缘计算应用发送给核心网网络功能的报文)。

- 支持海量终端异常行为检测:UPF 和核心网控制平面需要对海量终端异常行为进行检测,一方面识别并及时阻止恶意终端的攻击行为,保护网络可用性和安全性;另一方面,识别被攻击者恶意劫持的合法终端,为合法终端提供安全检测和防护能力。通过信令和数据流量的大数据分析可实现终端异常流量检测、异常信令过滤和信令过载控制。针对合法终端被恶意劫持和利用的攻击场景,可以通过终端数据流量特征和信令行为画像,发现存在恶意流量及异常信令行为的终端设备,从而有针对性地实施限制和管理。

(3)平台安全

(a)边缘计算平台系统安全

MEP(边缘计算平台),不仅提供了边缘计算应用的注册、通知,还为应用提供了 DNS 请求查询功能、路由选择功能、本地网络的 NAT 功能,同时可以基于移动用户控制管理能力,实现业务分流后的用户访问控制。MEP 还提供了服务注册功能,使 MEC 平台的服务能够被其他服务和应用发现,也可以通过 API 接口对外开放 MEP 的能力。

根据边缘计算架构,MEP 本身是基于虚拟化基础设施部署的,需要虚拟化基础设施提供安全保障:应对 Host OS、虚拟化软件、Guest OS 进行安全加固,并提供 MEP 内部虚拟网络隔离和数据安全机制。MEP 对外提供应用发现、应用通知的接口,保证接口安全、API 调用安全。对 MEP 的访问需要进行认证和授权,防止恶意应用对 MEP 的非授权访问。同时,为防止 MEP 与 App 之间的通信数据被拦截、篡改,MEP 与 App 之间的数据传输应启用机密性、完整性、防重放保护。而且,MEP 应支持防 DDoS/DoS 攻击,对 MEP 的敏感数据应启用安全保护,防止非授权访问和篡改等。

边缘计算系统中的标准接口应支持通信双方之间的相互认证，并在认证成功后使用安全的传输协议保护通信内容的机密性和完整性。

边缘计算系统应使用安全的标准通信协议，如 SSHv2、TLS v1.2 及以上版本、SNMP v3 等，禁止使用 Telnet、FTP、SSHv1 等。

（b）边缘服务授权

移动网络运营商需要授权 UE 使用边缘计算服务，只有具备合法授权的用户才能使用对应的边缘计算服务。对于非运营商部署场景，5G 边缘计算服务供应商也应该采取类似的授权机制来保证边缘计算服务不被非法访问。例如，当用户访问边缘计算应用时，核心网需要获取用户签约数据，若用户未签约则拒绝用户的访问；或者与用户所访问的应用交互以获取用户授权信息，只有用户具备合法授权时才允许用户访问 5G 边缘计算服务。

（c）用户接入安全

用户接入安全是指对接入运营商核心网、边缘节点的终端进行身份识别，并根据事先确定的策略判断是否允许接入的过程。边缘节点面临海量异构终端接入，这些终端采用多样化的通信协议，且其计算能力、架构都存在很大的差异。在工业边缘计算、企业边缘计算和 IoT 边缘计算场景下，传感器与边缘节点之间的众多不安全通信协议（如 ZigBee、蓝牙等）缺少加密、认证等安全措施，易于被窃听和篡改；因此，应根据安全策略允许特定的设备接入网络，拒绝非法设备的接入。此外，对于接入关键核心业务的终端，应考虑基于零信任理念对其进行动态、持续的安全与信任评估；一旦发现安全与信任异常，应采取合适的管控措施。

（4）专网设备自身安全

（a）硬件安全

硬件服务器的本地串口、本地调试接口、USB 接口等本地维护的端口调试完成后应默认被禁用，防止恶意攻击者的接入和破坏。对于所有的开放端口，应对任何试图接入的用户或者通信对等端进行身份认证。对不常用的端口应默认关闭，只有在需要使用的时候才打开，打开相应的端口应记录日志，并向网管上报告警事件。

如果条件具备，可对边缘 UPF 所在的机房做一定的改造，应通过设置安全机柜、上锁、架设监控、定期巡检等人工手段保证其安全。

（b）软件安全

产品开发过程应遵循业界最佳实践的安全开发流程，应通过权威机构（如 3GPP&GSMA 的 NESAS/SCAS）的过程审计和 5G 产品安全测试。

产品发布前应进行安全加固（裁剪系统、移除冗余服务、关闭不使用的端口、最小化授权等）、病毒扫描、漏洞扫描；修复开源软件的漏洞，减少攻击面，提升平台的安全性。

产品发布后应持续、定期进行安全漏洞检测和扫描，通过安全补丁及时修复新漏洞。

（c）业务安全

专用 UPF 具备以下能力：上行流量地址防欺诈能力，若报文的源地址不是终端用户的地址，融合设备应丢弃该报文，并禁止将该报文转发出去；下行流量地址防欺诈能力，若目的地址与手机地址池不匹配，则应丢弃该下行流量；对没有匹配 PDP 上下文/承载的下行流量执行丢弃操作的能力；在转发移动用户分组数据流量时对数据流量进行 DDoS 攻击检测和过滤，防止恶意或被控制的移动用户作为攻击源发起 DDoS 攻击的能力；禁止终端互访的能力，需要互访时将终端互访重定向到网关进行安全检测与防护。

2. 终端接入控制

终端分为两大类，分别是 5G 终端（如 5G CPE、5G Dongle 和 5G 模组摄像头等）和非 5G 终端（如普通摄像头、PLC 和 AGV 等）。

针对 5G 终端的接入安全，可以结合多重接入控制对终端接入进行事前安全管控。对于非 5G 终端接入 5G CPE，主要通过在 5G CPE 上进行相关的安全配置（包括白名单认证、Wi-Fi 鉴权加密、启用 CPE 防火墙等）来保证接入安全。

5G 专网终端接入控制如图 4-11 所示,其目的是在企业终端接入 5G 专网的各个阶段,将一部分完全由运营商控制的能力交给企业,从而提高企业的自主权。

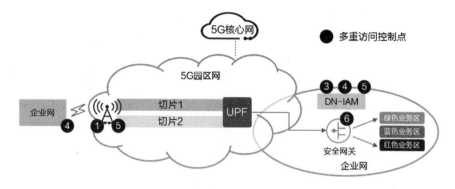

图 4-11 5G 专网终端接入控制

用户接入专网之前,除了要进行 3GPP 标准的移动用户主认证,还要支持专网的二次鉴权,通过在专网部署 DN-IAM 设备和安全网关,对用户访问专网的合法性进行管理。在二次鉴权流程中,可验证用户的号码 MSISDN、设备号 IMEI、卡号 IMSI/SUPI,以及接入位置等。基于用户的 IP 地址,可通过 DN-IAM 与安全网关联动来实现细粒度权限控制。5G 专网终端接入策略控制点如表 4-5 所示。

表 4-5 5G 专网终端接入策略控制点

控制点	控制内容	安全能力	控制决策点	控制执行点
1	终端可否接入运营商 5G 网络	5G 网络主认证	运营商	运营商核心网
2	终端可否接入企业 5G 网络	企业网络自主认证	企业 DN-IAM	运营商核心网
3	合法 SIM 卡是否在合法终端上使用	机卡绑定控制	企业 DN-IAM	运营商核心网
4	终端能在哪些位置接入企业 5G 网络	电子围栏控制	企业 DN-IAM	运营商核心网
5	终端能否接入企业切片	切片隔离	运营商	运营商核心网
6	终端能接入企业哪个业务区	角色访问控制	企业安全网关	企业安全网关

终端接入控制应保证用户接入可控制和用户访问可溯源。

用户接入可控制:对于已认证通过的用户,在检测到用户终端异常时,支持强制下线终端用户,这里的异常包括移动到非法接入区、有疑似的攻击行为、终端疑似被病毒感染或被植入木马,抑或用户主动上报设备丢失等场景。

用户访问可溯源：用户的业务访问需要记录日志，且日志能关联到具体的人。在用户终端动态获取 IP 地址的情况下，不仅需要跟踪终端 IP 地址，还应支持通过终端 IP 地址关联到卡号，进而关联到具体的人。

3. 异常终端监控

企业终端通过运营商 5G 网络接入后，由于运营商网络流量对企业不可见，因此企业缺乏监测和控制能力；一旦出现异常或者安全攻击，则很难及时发现。为此，运营商应将一部分终端异常监控能力开放给企业，提升企业的安全监控和响应能力。终端安全异常包括以下方面。

- 连接异常：运营商通过核心网控制网元检测到终端不可再用信令平面、用户平面进行通信等。

- 行为异常：运营商通过核心网网元，基于企业的配置对终端上报的信息进行监控，发现终端位置异常或者配对的 IMSI-IMEI 发生改变等终端行为异常。

- 信令异常：运营商通过核心网网元检测到终端和运营商网络在信令平面的通信行为出现异常，如频繁连接与断开请求、发送无效信令数据包等。

- 数据异常：运营商通过 DPI 技术检测到用户平面的数据异常，如攻击和挖矿行为。用户平面的数据异常检测需要在企业用户的授权下进行。

4. 传输安全

企业对于传输安全的主要诉求是不能把企业数据泄露给运营商或者其他第三方，这主要通过两种技术手段保障——5G 流量监控审计和端到端加密，另外采用切片也有助于企业网络数据的隔离。

（1）5G 流量监控审计

5G 流量监控审计的目的是对运营商核心网和下沉到企业的 UPF 之间的通信进行管控，确保企业的数据不会经由这些途径流出。

UPF 下沉到企业园区后，其本身就具备防止企业数据流出的机制。首先，通过

SMF 下发的分流策略，实现基于 DNN（数据网络名称）的本地分流，防止业务数据出园区。其次，通过三面隔离，防止用户平面数据通过管理平面和信令平面出园区。

为了进一步确保发生意外时企业数据不会出园区，可在 UPF 和运营商核心网之间设置防火墙进行访问控制，只开放运营商指定的信令协议和管理协议，并通过会话日志实现事中监控和事后追查。

（2）端到端加密

为了防止企业数据在网络传输过程中被泄露给第三方，可以采用端到端加密技术，分别可以从网络层和应用层两个层面实现，如图 4-12 所示。

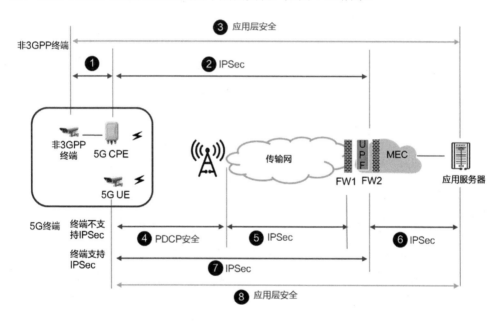

图 4-12　端到端加密

应用层加密主要靠企业应用的支持。网络层加密由运营商和企业共同提供，当企业无法在应用层实现端到端加密时，可以根据实际项目需要进行选择。电网等一些特殊行业为满足合规要求，建议使用国密算法，通过 MEC/UPF 侧的防火墙（或者路由器）来支持国密算法加密。

5. 企业边界安全

在企业内网与 MEC 的边界，可以采用防火墙、入侵检测、抗拒绝服务等安全手段进行防护，并将其纳入安全态势感知范畴以进行统一监控和分析。这些安全手段传统上是由企业自己来规划和部署的；但因投入较大，运营商可以考虑在 MEC 中部署相应的设备，提升服务化安全能力。

- 防火墙安全能力：能根据会话状态信息为数据流提供明确的允许/拒绝访问的响应；控制粒度为端口级；系统具备对进出网络的信息内容进行过滤的能力；在会话处于非活跃时间或会话结束后自动终止网络连接，充分确保系统非实时在线层面的安全防护功能正常。

- 入侵检测安全能力：入侵检测系统是对防火墙的有益补充，被认为是继防火墙之后的第二道安全闸门，它对网络进行检测，提供对内部攻击、外部攻击和误操作的实时监控，其提供的动态保护能力大大提高了网络的安全性。

- 抗拒绝服务攻击能力：能够针对 DDoS 攻击的各种手段进行防御，应对大流量网络冲击，同时针对各种应用层攻击进行识别和防范，并能够灵活组合搭配算法，保证攻击流量被准确清洗。

- 安全态势感知能力：安全态势感知是一种基于环境动态地、整体地洞悉安全风险的能力，它利用数据融合、数据挖掘、智能分析和数据可视化等技术，直观显示网络环境的实时安全状况，为网络安全保障提供技术支撑。借助安全态势感知，运营商可以将 MEC 平台的各种设备和安全系统的日志进行统一分析，帮助企业及时了解网络状态、受攻击情况、攻击来源及哪些服务易受到攻击等。

- 三面隔离：部署时，应支持管理平面、控制平面和用户平面的传输通道隔离，建议实施物理通道隔离。当物理资源不足时，可通过 VLAN 实现逻辑隔离。三个平面不能相互访问，任何一个平面受到攻击时不会影响其他平面，可最小化攻击风险。应支持在管理平面、控制平面、用户平面提供 ACL 策略，拒绝来自非法地址或网络的访问，或只接受来自信任地址或网络的访问，并对访问接口进行流量控制。

◇ 安全域隔离：构建专网时，运营商会部署接入网、核心网、传输网和操作维护网等不同网络，因此会存在不可预知和不可控的安全风险。为了增强整个网络的安全性，在网络规划时需要根据每种网络的传输数据、业务、网络部署特点为其划分不同的安全域，并在这些不同的安全域之间部署不同级别的安全策略。

在运营商与企业网络的边界应部署防火墙，设置在不同安全域之间跨域访问的控制策略。

6. 安全能力开放

MEC 中的边缘应用需要具备调用运营商网络的能力，如调用用户位置、QoS 等信息，实现业务价值。为了更好地为边缘应用提供服务，运营商网络向边缘应用开放。安全能力开放在带来好处的同时也引入了新的安全风险，因此应对 API 的管理、发布和开放进行安全防护。对作为 API 调用方的边缘应用进行认证和授权，可以保证边缘网络能力开放的安全性。目前，在安全能力开放方面，基于 3GPP SA2 组定义的 3GPP TS 23.222 是公共 API 框架（CAPIF）的关系模型，其中 CAPIF 提供者提供核心功能，负责处理 API 调用者的请求和授权，并管理 API 提供者的服务 API 集合。

边缘应用服务器需要调用运营商网络的能力开放，其中涉及 UE 敏感信息，如位置信息等。这些信息的获取需要经过用户同意，且用户需要完全掌握哪些应用可以以什么频率获取用户或用户设备的指定信息。例如，当核心网收到边缘应用的用户位置请求时，可以通过信令平面向用户发送位置请求，在用户同意后，核心网才会将获取的用户位置信息返回相应的边缘应用。

除上述内容外，下沉安全防护方案中还涉及运维管理安全、防止 5G 专网攻击核心网等内容。

7. 运维管理安全

运维管理平面需要具备安全能力。例如，用户账号管理系统支持创建不同的操作维护账号供管理员、维护人员登录使用；登录认证与操作授权支持分权分域，支持个人数据匿名化以保护用户隐私，支持对文件与目录的访问控制；运维操作应记录日志，支持软件升级合法性检查，支持软件签名防篡改；网元管理模块与管理客户端之间的数据传输使用安全协议进行加密防护。

- 安全事件管理：实现 MEC 平台的安全事件可追溯，提高告警日志利用率，对安全事件进行预警。安全事件管理会收集物理安全设备、虚拟安全设备、应用层安全设备的相关告警日志，并将其上报至态势感知系统进行分析和安全预警，同时将告警日志进行归档，方便后续追溯。

- 用户行为管理：实现人员操作行为可追溯，预警人为操作所产生的风险。针对系统变更、重要操作、物理访问和系统接入等事项建立审批程序，按照审批程序执行审批流程。通过统一接入门户，对宿主机、虚拟机、云管理平台、MEC 平台，以及虚拟网元、第三方应用的用户进行统一管理，记录其登录、退出以及相关的命令操作。通过 UEBA 技术绘制用户行为肖像并生成相应的安全策略。当用户出现异常操作时，发出告警并阻止相关操作。

- 关键数据管理：实现关键数据流转路径可追溯，防止数据泄露。对用户信息、配置信息、镜像信息、软件包信息等关键数据的流转进行记录，形成数据流转路径。当发生数据泄露事件时，为事件追溯提供证据。

- 平台基线管理：保证 MEC 平台的可靠性并提升安全防护能力。通过对宿主机、虚拟机、物理网络设备、虚拟网络设备、镜像、应用软件包（网元、第三方应用）进行基线核查，确保平台本身及上层应用的安全性，降低安全风险，提高安全防护水平。

- 生命周期管理：对接入 MEC 平台的设备进行生命周期管理，定期远程更新所有边缘设备和节点，维护、管理补丁升级和固件升级，及时修补漏洞。如果不能及时更新最新的补丁、升级边缘设备或终端传感器固件，那么随着每天都有新的复杂攻击发生，会带来更大的风险。设备商应该具备可持续的漏洞系统治理与应急响应能力，包括建立针对安全漏洞事件的端到端治理、响应与支撑组；建立畅通且全面的漏洞感知渠道与分析体系，确保快速、精准追溯；定义符合行业惯例和客户需要的漏洞修补基线，支持快速修补与部署；提供及时、公开、透明的安全漏洞披露策略与渠道，确保客户具备同等知情权，支撑下游客户决策处置；构建工程体系，确保过程可视、可追溯，确保漏洞敏感信息安全且受控；建立针对组织、员工的培养体系。

还需要构建态势感知能力。通过统一的安全态势感知、协同防御能力建设，实现边云协同态势感知。云入侵检测技术也可以应用于边缘节点，对恶意软件、恶意攻击等进行检测。此外，针对边缘的分布式特点，可以通过相应的分布式边缘入侵检测技术来对其安全风险进行识别，在云管理平面进行安全态势感知呈现。

相比于中心侧，边缘场景因部署位置更加下沉、具备开放能力，且可用资源更受限等，因此不具备部署重量级设备的防护能力，将面临更大的安全风险。为了解决这个问题，要利用白名单规则、AI 算法等技术，结合边缘网元自身的业务特点，提升边缘场景内置的轻量化安全态势感知能力，实现威胁检测的高性能和高检出率。

凭借边缘场景内置的轻量级安全态势感知能力，能够实现设备接入前的安全配置核查、系统加固，以减少系统自身的脆弱点；还能够实现平台运行时的实时入侵检测、定时配置核查加固，及时发现网络被攻击、系统配置被篡改等异常行为，从而快速响应，降低不良影响。

MEC 的编排和管理系统架构与 NFV 的编排和管理系统架构类似。从 ETSI MEC 系统参考架构中可以看出，MEC 的编排和管理系统包括 MEO、MEPM 两部分，南向接口面向 VIM 和 MEP，北向接口面向运营商的 OSS 系统。OSS、MEO、MEPM 之间的接口都属于 API 调用，并不直接面向用户和互联网，除了应做好严格的访问控制，还应在部署 API 网关时对 API 的调用进行安全管控。

边缘计算系统的管理维护接口应支持对接入者进行身份认证，并在身份认证成功后使用安全的传输协议保护通信内容的机密性和完整性。

8. 防止 5G 专网攻击核心网

在面向企业的 5G ToB 业务场景中，5G 核心网的用户平面设备 UPF 被大量部署在 5G 网络的边缘，入驻企业园区。

同时，为了满足不同的企业园区的需求，园区内除了具备用户平面 UPF 的网络功能，还引入了控制平面的 AMF、SMF 及 UDM 等网络功能。这些控制平面功能同时会连接中心侧 5G 核心网设备，以满足企业在不同情况下的可靠性需求。图 4-13 展示了几种不同的园区组网形式。

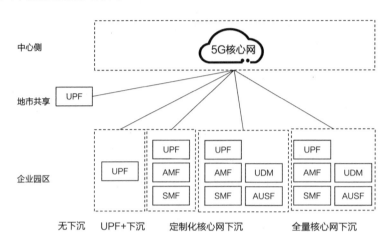

图 4-13　不同的园区组网形式

随着 ToB 业务的迅速发展，部署在大区或省中心的中心侧核心网设备与园区内的用户平面 UPF、控制平面 AMF/SMF/UDM 等网络功能开始互联互通，产生了大量的信令交互。

但是，由于企业园区属于半信任域，园区内机房的防护手段通常是相对不足的。如果企业园区遭受攻击，可能会直接影响运营商的中心侧设备，甚至存在直接通过园区设备对中心侧设备进行攻击的可能性。例如，在边缘侧仿冒接入网网元，连接到中心侧网络，攻击中心侧设备；又如，发送大量数据报文阻塞通道，发送大量畸形错误报文造成设备无法正常工作。

中心侧网络虽然可以在边缘部署防火墙或 IPSec，但是只能确保 TCP/IP 层的安全，无法确保上层协议内容的合法性和安全性，且中心侧网络的网络拓扑信息（如 IP 地址）直接对园区暴露，未经任何拓扑隐藏，让攻击变得更加容易。例如，通过在网络上部署嗅探器、侦听设备，可以将传输的 IP 地址的报文截获并对其进行解析，使信息泄露。

运营商的中心侧设备在 5G ToB 场景下面临着新的安全挑战。为应对 5G 核心网在 5G ToB 场景下面临的挑战，防止边缘侧设备将安全风险扩散到运营商中心侧网络内，可引入融合防护网关。

如图 4-14 所示，融合防护网关遵从 5G 核心网 SBA 服务化架构标准，可被部署在中心侧网络和边缘侧企业园区网络之间，实现信令路由代理、拓扑隐藏等功能，在两侧网络之间提供安全防护能力，避免风险扩散。

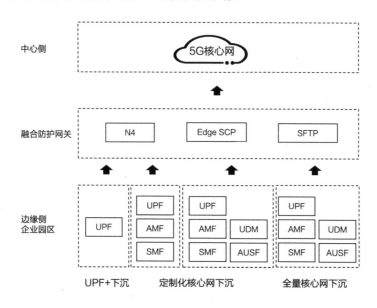

图 4-14　融合防护网关

中心侧网络和边缘侧企业园区网络之间的信令交互主要通过 N4 接口、SBI 接口和 SDSP 接口，因此，应提供 N4、SBI、SDSP 接口的路由转发和安全防护功能。

防止 5G 专网攻击核心网的融合防护网关有三个核心功能，包括 N4 功能、Edge SCP 功能和 SFTP 功能，这些功能在中心侧网络和边缘侧企业园区网络之间跨网进行路由转发和安全防护。

4.2.2　专网安全

随着 5G 的大规模商用及其在垂直行业中的普及，行业应用层将会遭遇更多的恶意攻击，诸如工业制造、能源、交通、金融等关键领域的高价值资产将成为首要的攻击目标，这可能给国家、社会和企业带来严重的安全风险和影响。5G 时代的行业应用网络，要具有不低于传统专网的安全性与可靠性，这样才能够胜任高价值资产的承载任务。同时，应充分灵活地应用 5G 基础设施及围绕 5G 网络的创新所带来的新技术与新能力，使垂直行业充分受益。

5G 网络切片借助于网络虚拟化技术，在 5G 基础设施上细分出功能完整的逻辑网络，为垂直行业的用户提供专用的、安全的、差异化的网络服务。将切片技术应用于垂直行业，每个切片承载着特定的行业应用，彼此相互隔离，可在网络层面实现精细化管理。

为了更好地支持多样化的行业应用场景，应对各种行业应用对网络服务的差异化需求，5G 网络引入了安全能力开放机制，使得垂直行业能够以便捷且低成本的方式获得更加贴合自身需求的网络服务。基于开放的安全能力，行业用户可以有针对性地对切片内的网络安全功能进行按需重构，使其更好地适应网络切片的业务特性。

MEC 平台将服务能力和应用推到网络边缘，部署位置更接近用户，从而减小了传输网的带宽压力，大幅降低了网络时延，可满足车联网、工业互联网等低时延业务的需求。

5G 针对行业应用中的数据产生、处理、使用等环节提供了完整的安全防护机制。在数据产生和处理的过程中，可根据数据的敏感度进行数据分类，建立不同安全域间的加密传输链路；根据不同的安全级别，采用差异化的数据安全技术；对数据使用方进行授权和验证，保证数据使用的目的和范围符合安全要求；对重要业务数据的使用进行审计，保护行业用户数据的机密性和完整性。

5G 提供了保证数据机密性、完整性和可用性的相关安全防护技术，并对数据全生命周期实施安全防护。数据隐私保护在此基础上可进一步防止个人隐私数据、重要敏感数据泄露。

当然，不同的垂直行业有着不同的安全诉求。在 5G 网络建设中，运营商可以将安全能力无缝融合到垂直行业的业务流程构建过程中，提供内置安全防护能力，以降低垂直行业用户的安全能力建设成本。

1. 边缘安全服务化

参考云服务架构，为 5G MEC 能力管理平台构建安全服务化技术架构。在运营商管理运营中心部署 MEC 安全服务管理平台，使其具备面向 MEC 的安全服务能力，开通对应安全组件（服务）的编排调度及计量管理功能，为 MEC ToB 用户提供申请即用的安全组件与服务，并具备与 5G MEC 能力管理平台统一的角色、权限、用户管理和认证管理能力。

ToB 用户可按需在 5G MEC 能力管理平台上选择安全服务 App，独立的服务 App 实例将被自动下发至 ToB 用户的 VPC 内部，以实现安全资源灵活调度、动态扩展、按需快速交付，全面满足 MEC ToB 用户对业务安全部署的需求。边缘安全服务化架构如图 4-15 所示。

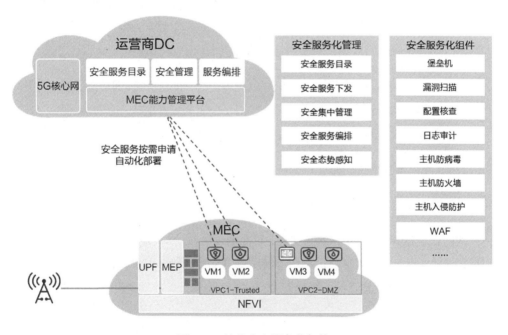

图 4-15　边缘安全服务化架构

目前对 5G 专网安全有需求的用户主要集中在政务、电力、高端制造等领域，用户对生产安全、网络安全、数据安全等有较高的要求。

总体来看，垂直行业用户主要的 5G 专网安全需求包括以下几个方面。

- 终端接入安全：为企业客户部署 AAA 服务器，对 5G 终端入网进行二次认证，或者通过运营商设置 5G 终端绑定 SIM 卡，即设置机卡绑定。

- 切片安全：对切片采取接入认证、切片数据保护、物理隔离等多种手段保障 5G 专网环境中的切片安全。

- MEC 安全防护：通过 IDS/IPS、防火墙策略、物理隔离等手段为承载 UPF 的核心网边缘安全域、承载 MEP 与运营商自有应用的安全域，以及承载园区内企业 App 的安全域提供安全隔离，使其具备堡垒机、漏洞扫描、配置核查、日志审计等能力，直接运行在 MEC 中为 ToB 用户提供对应的安全能力，使 MEC 用户数据不出园区。

- 安全管理与运营：通过流量检测系统、IDS、日志溯源、态势感知等多种安全能力，确保企业内部的业务数据、信令数据、管理运维数据安全。以态势感知系统作为纵览全局安全情况的运营平台。

- 5G 安全评估：通过确立目标，对范围内的 5G 业务系统、网元采用漏洞扫描、渗透测试等方式进行安全评估，检查出安全问题并解决之，形成闭环，以达到安全预警的效果。

2. 5G 专网安全服务产品

（1）基础安全服务

基础安全服务包括：用户接入认证，切片接入认证；防火墙安全隔离和访问控制；数据防泄露，数据完整性保护，SUCI 加密，切片隔离和隐私保护；MEC 虚拟机、App 间隔离，MEC 安全配置基线；集采安全测试，入网安全验收等。

（2）增强安全服务

增强安全服务包括：二次认证，用户数据加密；IPS/IDS，抗 DDoS 攻击，WAF（Web 应用防护系统）；漏洞扫描，态势感知，威胁情报收集；等保测评，安全评估，安全培训等。

4.2.3 行业应用案例

1. 广域 MEC 安全场景案例（智能电网）

广域 MEC 安全场景可以不受地理区域限制，通常可基于运营商的端到端公网资源，通过网络切片等方式实现不同行业、不同业务的安全承载，主要应用于交通、电力等行业，以及跨域经营的特大型企业等。

以电力行业为例，MEC 的部署方式在满足业务时延和隔离的基础上，主要考虑如何与电力业务的流向进行匹配，避免流量迂回。根据电网业务特点进行匹配，采取省、地、区县三级部署方式（汇聚部署及汇聚以上部署），其中省、地部署方式作为规模推广方式。

- 省级：主要针对全省集中业务，UPF 在省公司层面部署，卸载全省集中业务流量，如计量、公车监控等。

- 地级：主要针对地市终结业务，UPF 在地市公司集中部署，卸载本市流量，如配网自动化三遥、配网差动保护、精准负控、PMU、配变监测、智能配电房、输电线路在线监测、充电桩等。

- 区县级：如特大型城市的变电站/换流站、抽水蓄能电厂等大型封闭区域，主要针对变电站等高要求场景，既要保障安全性，又要满足本地卸载逐级分流监控的需求，建议采用 UPF+MEC 按需下沉至区县级封闭区域的方式部署。

电网安全是涉及国计民生的大事，因此智能电网作为广域 MEC 的典型场景，对安全有严格的要求。电网安全隔离需求的主要依据是《电力监控系统安全防护规定》（国家发展改革委 2014 年第 14 号令）、国家能源局《关于印发电力监控系统安全防护总体方案等安全防护方案和评估规范的通知》（国能安全〔2015〕36 号文）。根据国能安全〔2015〕36 号文，电力监控系统安全防护总体架构如图 4-16 所示，电力业务的安全总体原则为安全分区、网络专用、横向单向隔离、纵向加密认证。

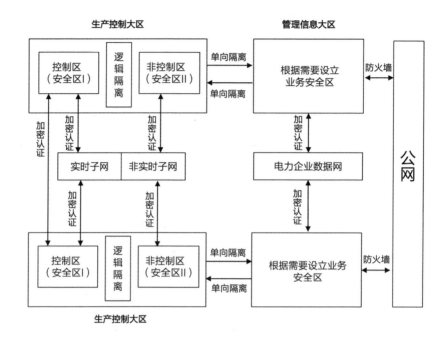

图 4-16 电力监控系统安全防护总体架构

电网业务主要分为生产控制大区、管理信息大区两类。

○ 生产控制大区包括生产控制和生产非控制两类业务。

● 生产控制类业务包括配网自动化实现配网差动保护、配网广域同步向量测量 PMU、配网自动化三遥业务等。

● 生产非控制类业务主要包括计量、电能/电压质量监测、工厂/园区/楼宇智慧用电等。生产控制大区业务的共性特征在于点多面广，需要全程全域全覆盖，属于广域场景，要求 5G 网络具备高安全隔离、低时延、高频转发、高精授时等特性。用户平面 UPF 应接入电力生产控制大区的专用 MEC 平台。

○ 管理信息大区包括管理区视频和局域专网两类业务。

● 管理区视频类业务包括利用机器人和无人机进行变电站和线路巡检、摄像头监控等，属于广域场景，用户平面 UPF 应接入电力管理信息大区的专用 MEC 平台。

- 局域专网类业务应用于智慧园区、智能变电站等局域场景，其特征在于特定区域有限覆盖，属于典型的局域专网场景，要求 5G 网络具备上行大带宽、数据本地化处理等特性，其用户平面 UPF 应接入电力管理信息大区的专用 MEC 平台；后续根据业务需求，推荐用户平面进一步下沉到电力园区以部署小型 MEC 平台，进一步满足数据不出园区的安全需求。

结合 5G 电力虚拟专网业务需求的安全防护总体架构如图 4-17 所示。

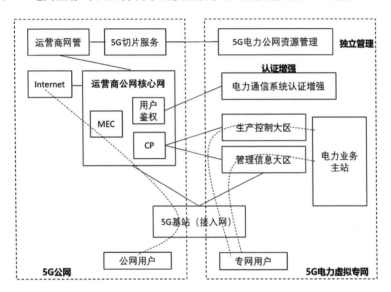

图 4-17 结合 5G 电力虚拟专网业务需求的安全防护总体架构

生产控制大区业务需要与其他业务进行物理隔离。对于个别生产控制大区业务，在使用无线公网、无线通信网及处于非可控状态下的网络设备和终端进行通信时，如果其安全防护水平低于生产控制大区内的其他系统，则应设立安全接入区，并采取安全隔离、访问控制、认证及加密等措施，典型业务有配网自动化、负荷管控管理系统、分布式能源调控系统等。

各大区内部不同业务之间需要进行逻辑隔离，可以采用 MPLS-VPN 技术、安全隧道技术、PVC 技术、静态路由技术等构造子网，实现逻辑隔离。

横向单向隔离主要体现为不同分区主站系统之间的隔离。

- 生产控制大区与管理信息大区之间，必须设置国家指定部门检测认证的电力横向单向安全隔离装置，隔离强度应当接近或达到物理隔离水平。

- 生产控制大区内部，不同业务之间采用具有访问控制功能的网络设备、防火墙等实现逻辑隔离。

- 安全接入区与生产控制大区相连时，应采用电力专用横向单向安全隔离装置进行集中互联。

传统网络承载电力业务时，包括电力专网和公网两类。专网的物理层主要通过波长、时隙、物理纤芯等不同资源实现物理隔离，逻辑层主要通过 VLAN、VPN 等手段实现逻辑隔离。对于公网，生产控制类业务需要接入安全接入区，管理信息类业务需要接入防火墙。

根据 5G 的通信机制，电网业务在开卡时会预先分配好 DNN（可与公网 APN 类比）、网络切片选择辅助信息（NSSAI）等属性。业务上线时，终端首先附着 5G 网络，在附着的过程中完成 5G AKA 主鉴权，核心网将根据事先分配的 DNN、NSSAI 等签约属性分配 PDU 会话连接及对应的 AMF 和 UPF。5G 通信机制要求用户数据必须先经过 UPF 再转发，从而实现了从终端到基站再到 UPF 的传输隧道，且不暴露在公网上，保障了用户通信数据的安全。

但是对于重点防护的调度中心、发电厂、变电站等，由于其数据高度敏感，因此应当设置经过国家指定部门检测认证的电力专用纵向加密认证装置或加密认证网关及相关设施，实现双向身份认证、数据加密和访问控制。纵向加密认证装置为广域网通信提供了认证与加密功能，可实现数据传输的机密性、完整性保护，同时具有安全过滤功能。加密认证网关除应具有加密认证装置的全部功能外，还应实现对电力系统数据通信应用层协议及报文的处理。

2. 局域 MEC 安全场景案例（智慧工厂、智慧港口、智慧矿山）

智慧工厂所使用的局域 MEC 安全场景一般为将业务限定在特定地理区域，基于特定区域的 5G 网络实现业务闭环、满足行业核心业务数据不出园区的需求，主要应用于制造、钢铁、石化、港口、教育、医疗等园区/厂区型行业。以制造行业为例，传统制造工厂里面主要通过有线网络、Wi-Fi、4G 及近距离无线技术实现联网，但都存在一定的弊端——有线网络部署周期较长、部署难度较大；Wi-Fi 稳定性不够、易受干扰；4G 带宽不足、时延偏大；蓝牙、RFID 等近距离无线技术传输数据量太小、距离受限。因此，迫切需要一种具备综合优势的网络技术。

5G 网络具有大带宽、低时延的特性，稳定可靠，智慧工厂的需求与 5G 技术特点较契合。本案例主要在智慧工厂行业实现基于 5G 的业务应用，包括在产品设备试验、制造过程中的远程监控、可视化及远程指导、理化检验高速协同。整体项目涵盖设备零部件材料检验、组件装配 AR 辅助、设备试车过程中的状态问题监控分析、设备试车过程中发现问题后的远程 AR 维护指导，可初步实现设备试验制造的全流程管理，满足企业安全生产、网络安全和数据不出园区等需求，提高研究和生产效率。

为满足上述场景的业务需求，本案例网络由以下几部分组成：5G 终端、5G 基站、5G 承载网和 5G 核心网。同时，通过部署 MEC 本地分流的方式实现用户对本地网络资源低时延、高带宽的接入访问，并满足数据不出园区的需求。本案例设备均遵从国际 3GPP 协议规范，电信级可靠性超过 99.999%。

3. 二次鉴权

插有 SIM 卡的 CPE 终端首先向 5G 网络发起注册流程，通过 5G 基站和 5G 承载网向 5G 核心网控制平面发起主鉴权流程。该鉴权流程对用户的 SIM 卡身份合法性进行认证（5G AKA 双向鉴权标准），防止非法用户接入 5G 网络。

SIM 卡的鉴权功能由运营商提供，企业为了自行对行业终端进行认证和管理，可部署 DN-AAA 服务对终端设备进行二次鉴权，确保仅合法用户及合法终端才能访问相应的园区网络。

以一个员工进入园区上班为例，主鉴权相当于员工要出示身份证，证明员工的合法身份；二次鉴权则相当于员工要出示企业员工卡，同时要做到人证合一，证明员工具备进入园区及某个区域的权利。用户注册流程大致如图 4-18 所示。

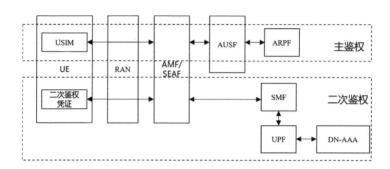

图 4-18 用户注册流程

4. 通信网络机密性和完整性保护

可通过 5G 空口安全和传输安全机制,实现对 5G 网络端到端分段机密性和完整性的保护。5G 空口安全是指 5G 终端 CPE 和 5G 基站之间无线接口(空中接口)的机密性和完整性。

- 机密性:5G 网络通过对空口信令和用户数据开启加密保护(其中用户的鉴权信息通过信令交互),将用户数据转换为密文数据,保证数据不被泄露,并且支持 128 位加密算法。

- 完整性:5G 网络支持信令消息,并能为用户平面数据提供完整性保护,5G 终端和 5G 基站通过完整性算法确保信令消息和用户平面数据不被非法篡改。

传输安全是指基站到 UPF 及 UPF 到企业内网的数据的机密性和完整性。运营商及企业可以部署 IPSec 实现传输网络的机密性和完整性保护。

企业具备自主部署终端和安全网关的能力,可保障应用层通信链路的安全。

创建本地透传的专用隧道。在保障 5G 网络端到端分段机密性和完整性的基础上,5G 终端还要完成 DNN 签约,核心网控制平面根据用户签约的 DNN 选择对应的用户平面网元 UPF,UPF 和基站建立承载该用户数据的上下行专用隧道,确保终端用户数据只在园区 5G 基站、园区 UPF 和园区内部网络之间流转,形成一个本地透传的专用管道,达到数据不出园区的目的。

5. 用户数据流转

应用层建立端到端加密和完整性保护机制。本案例提供的工业级 CPE 具备 IPSec 加密能力，结合企业内部网络边界部署的安全网关（防火墙内置安全网关），实现 CPE 和安全网关之间的 IPSec 加密和完整性保护，该端到端安全通信链路不依赖运营商的 5G 网络安全能力。

6. 网络和企业安全边界隔离

5G 网络应和企业安全边界隔离：在 UPF 与企业内部网络的核心交换机之间部署防火墙，确保两个网络安全边界隔离。防火墙提供精细化访问控制策略以缩小攻击面，并支持流量行为分析及恶意软件检测功能。

防火墙安全策略采用最小授权方式，入防火墙的流量进入非可信域，安全策略基于协议配置，只容许 IKE 和 IPSec 流量通过。出防火墙的流量从可信域转发，目的地址为制定的 5G 终端连接服务器 IP+Port。这样可以确保攻击面最小，对访问权限进行精细化安全防护。

防火墙配置更改、安全策略阻断、异常流量阻断等都会生成日志，并且这些日志会被发送给安全管理中心，作为合规审计的数据。

防火墙提供有只读权限的 UI 接口，可以读取配置信息、查看历史丢包记录、进行初级安全故障处理。

7. 安全管理和审计

通过已经部署在安全管理中心的日志审计系统，可以集中采集边缘防火墙中的系统安全事件、用户访问记录、系统运行日志、系统运行状态等各类信息，经过规范化、过滤、归并和告警分析等处理后，可以以统一格式的日志对处理后的信息进行集中存储和管理，实现对信息系统日志的全面审计，同时可以帮助管理员进行故障快速定位，并提供客观依据进行追查和恢复。

第 5 章

基础电信运营商网络安全防护实践

5.1 基础电信运营商网络安全防护体系

网络安全是总体国家安全观的重要组成部分，也是基础电信运营商网络的基石。基础电信运营商，相较于传统的安全厂商，能够看见全链条、全视角的安全信息，且凭借其独有的云网资源禀赋，能在云、网、边、端侧等不同层级上部署安全防护能力，实现多层级协同立体化防护体系。而这些防护，尤其是网络侧的防护，主要借助大网能力，通过 SRv6 技术在骨干网、城域网乃至接入网中建立安全切片，同时将安全数据流量与其他业务流量安全隔离，实现云、网、边、端一体化安全防护体系。

以中国移动为例，2006 年中国移动通信集团公司发布了《中国移动网络与信息安全总纲》，其目的是为中国移动的网络与信息安全管理工作建立科学的体系，力争通过科学规范的全过程管理，结合成熟且领先的技术，确保安全控制措施落实到位，为各项业务的安全运行提供保障。《中国移动网络与信息安全总纲》从组织与人员、资产管理、物理及环境安全、通信和运营管理、网络云信息系统访问控制、系统开发与软件维护的安全、安全事件响应及业务连续性管理、安全审计等方面，提出了纲领性的要求。基于《中国移动网络与信息安全总纲》，中国移动不断完善网络安全防护体系，并随着网络架构、技术、业务的演进而同步演进。目前网络架构从封闭逐步走向全 IP 化，支持 SBA，引入 SDN/NFV 技术，可服务于千行百业，中国移动网络安全防护体系也从以被动防护为主的防护体系，演进到主动、智能、协同的网络安全防护技术体系。

下面我们将对云化、虚拟化场景下，基础电信运营商网络安全防护体系建设、优秀实践案例、安全防护体系及其演进方向等进行阐述。

5.2 基础电信运营商网络安全防护体系建设

5.2.1 总体目标及规划原则

基础电信运营商网络安全防护体系的总体目标应当是适应国家级攻防实战需要，适应算网等新一代信息基础设施虚拟化、集中化、泛在化和软件化等新特点，构建主动、智能、协同的网络安全防护技术体系,实现防护能力随"算网"而动,满足网络安全管理和运营工作发展需求,有效防范、应对各类入侵控制和拒绝服务攻击,有效保障网络数据安全,实现网络安全防护能力行业领先,为业务发展保驾护航。同时,充分发挥基础通信网络优势,实现面向外部客户输出安全服务能力,支撑网络安全由成本中心向价值中心转变。

基础电信运营商网络安全防护体系规划应以国家法律法规和行业监管要求、国内外安全标准规范为基础,面向关键信息基础设施,以及算力网络、5G专网、物联网、车联网、工业互联网等新型网络基础设施,引入零信任、AI、自动化安全等安全新技术理念,按照进一步强化防护全面覆盖、强化集中安全数据、强化安全能力协同、强化安全集中赋能、强化创新技术应用的总体原则,在现有安全能力的基础上,发挥通信网络的优势,以形成覆盖全网的端到端整体防护能力和内生于网络系统的内生防护能力为目标,进一步向数据集中化、分析智能化、响应自动化、防护协同化方向演进,形成横向打通、纵向贯通、协调有力的新一代算网一体网络安全防护技术体系,具体如下。

1. 网络安全防护能力要全面覆盖网络系统和边界风险

网络安全防护能力要全面覆盖核心网、承载网、无线、CDN、家宽、专网等各专业系统,要全面覆盖互联网、网管网、客户侧、运维接入和系统间五类边界,对于高风险和重要系统要进一步形成系统边界、系统内部网络和端点的三级纵深监测防护能力并向供应链侧延伸。

2. 构建依托大数据和 AI 的网络安全核心能力

应构建集中化的安全大数据能力,促进数据要素价值的有效释放,以应用入驻为主要方式提升数据开放能力,避免直接对外部系统提供安全数据。

3. 推动平台横纵协同构建整体防护能力

基于态势感知平台安全大数据,开发面向全网的集中化应用,持续加强现有平台类防护能力的拉通,形成全网资产安全风险动态掌握、全网安全攻击事件实时感知、全网应急处置指挥调度的整体安全防护能力。

4. 加强安全技术能力的开放赋能

通过上中台的方式集中开放合规检查、漏洞扫描、日志审计等基础能力，满足省公司的安全需求。省公司基于中台的基础能力构建满足本省需求的具体能力，如基于中台开放的日志审计能力构建适合省公司的审计模型。同时，鼓励省公司主动发挥本省的能力优势，积极对外赋能。

5. 结合安全防护需求积极引入安全新技术

在安全数据集中的基础上，引入大数据、AI 等新技术，实现智能化告警分析和态势感知能力；在整合防护能力的基础上，引入安全编排和自动化响应等技术，形成自动化快速溯源和处置能力；在纵深防护能力的基础上，引入内生安全、零信任、入侵与攻击模拟（BAS）等新技术，推进安全基础防护能力池化部署，形成层次化主动安全防护能力。

5.2.2 整体规划

基础电信运营商网络安全防护体系总体架构如图 5-1 所示。

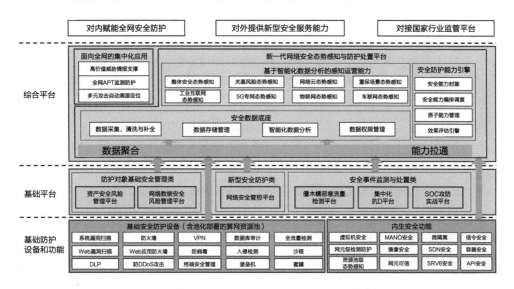

图 5-1 基础电信运营商网络安全防护体系总体架构

基础电信运营商网络安全防护体系通常包含三个层次，即综合平台、基础平台、基础防护设备和功能。

- 综合平台：以态势感知平台为例，作为综合性平台，不仅承担安全数据底座的职责，还可构建面向全网的集中化应用。

- 基础平台：将现有安全能力逐步整合为若干基础性管理平台支撑安全运营，包括资产安全风险管理平台、网络数据安全风险管理平台、网络安全管控平台、僵木蠕恶意流量检测平台、集中化抗 D 平台、SOC 攻防实战平台等。

- 基础防护设备和功能：作为安全防护体系的基础，在基础安全防护设备方面，包含池化部署的算网资源池，以适应算网技术发展的需要，推动基础防护能力迭代升级；在内生安全功能方面，包含微隔离、信令安全等内生安全关键能力，能降低云化、虚拟化带来的新风险。

各部分安全能力通过横向拉通、纵向贯通，实现防护协同化。

- 基础安全防护设备和内生安全功能互为补充，在共同防护网络和系统安全的同时，向上层安全管理运营平台报送数据，接收上层平台的调度指令。

- 态势感知平台和基础性管理平台支撑全网 IPDRR 安全集中化运营。各平台之间共享安全数据，形成覆盖全网的端到端安全防护能力，实现安全能力的协同联动。安全平台通过采集基础安全防护设备和内生安全功能数据进行集中调度。省公司平台向总部平台上报数据，接受总部平台的指挥调度。

各部分安全能力建设模式分为总部一级集中建设、总部及各省二级集中建设、随网络系统同步建设三种。总部统一规划的平台级安全能力一般由总部一级集中建设，必要时在部分省份部署分支节点；满足两部委考核建设的安全能力和已有的平台级安全能力升级，由总部及各省二级集中建设；各类基础安全防护设备和内生安全功能以随网络系统同步建设为主。

5.2.3　新一代网络安全态势感知与防护处置平台

新一代网络安全态势感知与防护处置平台的定位是将网络安全态势感知与防护

处置平台以及基于该平台的面向全网的集中化应用,与基础性管理平台、基础安全防护设备和内生安全功能协同联动,提升场景化的安全态势感知能力和自动化的指挥调度溯源处置能力,支撑安全分析决策、安全运营自动化和安全能力输出。

网络安全态势感知平台通常采用总部及各省二级集中建设模式,而基于总部的态势感知平台数据能力的集中化应用采用总部一级集中建设模式。总部网络安全态势感知平台汇聚全网安全数据,形成安全数据底座,以应用入驻为主要方式实现数据开放,支撑数据挖掘和基于数据的应用创新,形成全网集中的安全应用。目前,基于态势感知平台的集中化应用包括高价值威胁情报支撑能力、全网 APT 监测防护能力、多元攻击自动溯源定位能力。高价值威胁情报支撑能力,通过充分采集全球开源威胁情报信息,开展基于网络流量数据的威胁情报自主挖掘,持续开展情报质量评价运营,为全网安全事件监测处置提供支撑。全网 APT 监测防护能力,通过构建 IoC 检测分析、样本检测、行为监测、事件及扩线分析等能力,实现 APT 威胁告警及态势综合展示,开展 APT 威胁情报数据生产、运营与应用,并与上级单位系统协同联动。多元攻击自动溯源定位能力,通过充分整理上网日志、DNS 记录、NetFlow、IP 地址备案等网络数据,对挖矿、勒索、DDoS 等不同网络攻击进行攻击路径完整回溯,精准定位攻击源头和跳转节点,快速明确攻击主体的归属信息。

5.2.4 基础平台

1. 资产安全风险管理平台

资产安全风险管理平台以风险识别为目标,以风险管理为核心,覆盖资产识别、威胁识别、脆弱性识别等资产风险要素,包括资产安全管理系统、安全合规管理系统和网络安全集中漏洞扫描系统。安全合规管理系统、网络安全集中漏洞扫描系统复用资产安全管理系统采集的资产属性信息,同时为资产安全管理系统采集并补充资产安全属性信息。具体描述如下。

- 资产安全管理系统:与 4A 平台联动,自动精准采集所有 IT 资产安全信息,建立包含设备开放端口与服务、操作系统、软件版本等重要安全信息的全面动态的资产清单库,实现所有资产安全信息的集中存储、查询与统计,并为安全态势感知平台精准预警提供基础数据。同时,该系统可加强资产一致性稽核能力，减少现网面临未知资产带来的安全风险，提升暴露面资产发现和核查能力，为网络资产安全管理工作提供强有力的技术支撑。

- 安全合规管理系统：为全网资产合规管理提供支撑，为 SOC 集中安全运营提供合规数据。与资产安全管理系统、4A 系统紧密协同联动，提供基线配置核查、弱口令核查、防火墙策略核查等资产合规管理能力。总部合规管理系统建立统一的安全基线、配置规范的检查能力、统一字典库的弱口令核查能力、统一稽核规则的防火墙策略评估能力，通过集省两级联动接口集中赋能省侧业务。

- 网络安全集中漏洞扫描系统：支撑全网暴露面常态化漏洞扫描，实现漏扫能力全网集中赋能。从漏洞扫描、分析确认、通报响应、加固跟踪、复测核查、统计展示等方面实现漏洞全生命周期管理和全网暴露面漏洞巡检，提升安全防护能力。省公司按照总部网络安全集中漏洞扫描系统下发的工单完成漏洞确认及修复。

资产安全管理系统通常采用总部及各省二级集中建设模式。安全合规管理系统基于省公司现有的合规管理能力，采用总部及各省二级集中建设模式。同时，按照安全防护体系规划原则，安全合规管理系统将逐步实现基线配置标准、弱口令字典库等部分功能模块及能力总部集中建设，并赋能全网。网络安全集中漏洞扫描系统采用总部及各省二级集中建设模式。

2. 网络数据安全风险管理平台

网络数据安全风险管理平台以网络数据安全风险管理为核心能力，包括网络数据安全管控系统、涉敏日志集中审计系统。

- 网络数据安全管控系统：进行网络数据全生命周期管理，集中管理网络域涉敏数据资产的分布、流转和使用，并与基础安全防护设备和内生安全功能协同联动，在数据共享、数据访问、数据使用等场景中实现涉敏数据识别、监测和管控，能满足网络数据防泄露、防篡改、防毁损等安全需求，满足企业数据分类分级、数据对外接口管理、数据安全风险管控、数据安全监管等多方面需求，实现全网数据安全的规范化、标准化和常态化管理。在建设模式方面，基于已有的数据安全管控能力，采用总部及各省二级集中建设模式。

- 涉敏日志集中审计系统：纳管全网域资产 4A 操作日志、设备原始日志、主从账号日志等数据，提供标准化日志查询功能，对运维人员的操作行为开展日粒度自动化审计，形成审计报告。总部依托系统开展全网常态化日志审计工作，提升数据安全事中、事后管控能力，推动安全审计常态化、集中化和智能化，让安全审计能力集中赋能全网。省公司按照要求向总部上报各类日志数据。在建设模式方面，采用总部一级集中建设模式。

3. 网络安全管控平台

网络安全管控平台是以网络安全风险管控为目标的综合性管理支撑平台，包括新一代 4A 系统、通信网商用密码管理系统。

- 新一代 4A 系统：通常覆盖集团公司、各省公司网络维护部门负责维护的各类通信网络、业务系统和网管支撑系统，为包括外部代维、协维人员在内的各类网络维护人员提供集中的维护操作接入通道，并在此基础上对维护操作实施统一的身份管理、认证、授权，以及操作记录、审计。新一代 4A 系统作为集中的身份与访问安全管理平台，对通信网络、业务系统、网管支撑系统的维护工作实施集中安全管控。在建设模式方面，新一代 4A 系统采用总部及各省二级集中建设模式。

- 通信网商用密码管理系统：具备为通信网关键信息基础设施和重要系统提供扩展性强、调度灵活的数据加密服务的能力。总部系统对全网密码资源进行统一的运营管理和服务管理。省级系统参考总部模式对省内重要的系统密码资源进行纳管，同时对接总部系统上报数据。大区节点根据关键信息基础设施分布情况，在网络云大区部署密码资源节点，为本大区的关键信息基础设施提供密码服务，并对接总部系统。在建设模式方面，采用总部及各省二级集中建设模式，总部牵头进行网络云大区节点商用密码管理能力建设。

4. 僵木蠕恶意流量检测平台

僵木蠕恶意流量检测平台通常采用总部及各省二级集中建设模式。总部僵木蠕平台接收各省平台日志数据和样本，具备木马、僵尸网络、蠕虫事件检测分析能力，以及样本研判分析、监测规则下发、监测指令下发、数据上报等能力。采用"一点建设、支撑全网"的管理模式，平台北向通过网络安全态势感知平台对接部侧平台，南向对接骨干网僵木蠕检测设备和省级僵木蠕管理平台，东西向联动物联网卡管理平台、上网日志查询平台、政企数据共享平台等多个系统，满足上级单位的监管要求。各省建设区域僵木蠕管理平台及探针设备，覆盖部分省网总出口流量及全部物联网流量，并按照两部委考核要求逐年扩容，实现区域数据的统一处理、展示及分权分域管理。

5. 集中化抗 D 平台

集中化抗 D 平台基于已有的能力，通常采用总部及各省二级集中建设模式。总部集中化抗 D 平台基于 NetFlow 数据，实现对用户 DDoS 攻击的实时监测、告警、溯源。通过一级处置调度模块调度清洗设备、黑洞路由器，与和盾平台同步客户信息和抗 D 业务使用记录。并且，通过覆盖全国网络流量核心节点，形成区域清洗中心；通过流量牵引的方式对攻击流量进行就近清洗，实现与省级抗 D 平台能力的相互调用，以及全网抗 D 产品的业务数据两级融合、攻击监测两级同步、防护能力两级互调，从而构建全网 DDoS 攻击监测防护能力。省公司建设省级抗 D 平台，为本省自有业务及客户提供有效的抗 DDoS 攻击防护服务，包括流量清洗、流量压制及流量封堵等。

6. SOC 攻防实战平台

SOC 攻防实战平台为全网开展安全培训、竞赛集训、漏洞研究及选拔培育安全专家等提供支撑，实现攻防训练的实战化、常态化。基于 SOC 攻防实战平台，打造全网"学、练、赛、战"一体化创新型网络安全人才培养模式，培育世界一流的数智化网络安全人才队伍，推动安全人才对外输出，助力公司信息服务科技创新的转型发展。SOC 攻防实战平台通常采用总部一级集中建设模式，在部分省部署分支节点，根据业务发展需要进一步增加节点数量。

5.2.5 基础安全防护设备和内生安全功能

基础安全防护设备包括系统漏洞扫描、防火墙、VPN、堡垒机等各种专用网络安全防护设备，随网络系统同步建设，是开展网络安全监测防护能力建设工作的必要组成部分。池化安全防护能力具备网络安全、数据安全、密码安全等原子能力，能实现算网体系安全能力内置，与市区县边缘节点互为补充，基于"连接+算力+安全能力"的模式满足移动云、专线、IDC等客户安全服务需求，具备一站式安全服务能力。基础安全防护设备按照网络安全"三同步"要求，结合实际防护需要，随网络系统建设有选择地同步部署。要重点防护互联网边界、网管网边界、客户侧边界、运维接入边界、其他系统边界等五类边界。

基础安全防护设备中的重点系统还要具备端点防护能力和系统内网络监测能力以形成纵深防护。在不降低防护水平的前提下，可对多个系统的同类边界进行整合，统一部署基础安全防护设备。池化安全能力的建设和部署通常由集团统一规划，采用总部一级集中建设模式，在部分省部署分支节点，构建包含1个总部集中运营管理平台、N个省级能力平台和X个近源POP节点的"1+N+X"全网分层部署结构，根据业务发展需要进一步增加节点数量。

内生安全功能的形成过程是，为了适应新型基础设施云化的防护需要，将安全防护能力内化到网元或网络系统之中，作为网元或网络系统自身功能的一部分，实现网元可信、网络可靠和服务可用的目标。现阶段内生安全技术主要包括微隔离、网元级检测防护、信令安全等。内生安全功能需要与主要网络系统边界部署的基础安全防护设备的功能协同，共同防护网络系统安全。网络系统内生安全功能需要优先解决基础安全防护设备无法有效满足功能需求的问题，如资源池内部设备之间横向防护的问题。基础安全防护设备和内生安全功能需要与集中化安全管理和运营能力协同，上传告警和日志信息，接受管理与运营的指令与控制。现阶段内生安全功能主要在网络云核心网系统上部署，部署在资源池安全子域内部，基于内生安全理念以网元为单位部署微隔离进行隔离防护，防止云内部横向移动攻击，面对5G专网下沉客户侧导致的5G核心网暴露面增加的风险，通过引入信令安全网关，防止来自客户侧设备的信令平面安全攻击。

5.3 中国移动网络安全优秀实践案例

当前，国际主流运营商通过 7×24 小时专业维护运营部门，开展全天候一体化网络运行维护与安全防护运营。AT&T 在全球 9 个地区设立安全运营中心，还设立了一个安全实验室，提供战术性网络威胁情报；Verizon 的安全专职人员超过 10000 人，以 PDR 防护理论为核心，构建了一体化、多层次的网络安全主动防护运营体系；NTT 具有全球级 SOC，成立了计算机安全事件响应小组 NTT-CERT。

面对新要求、新挑战、新技术，中国移动践行"创世界一流战略"的理念，兼顾国际通用与网络安全行业特色，参考网络安全领域模型及指标设计方法，识别网络安全评价必备要素，适应国家级攻防实战需要及算力网络等新一代信息基础设施虚拟化、集中化、泛在化、软件化等新特点，构建数据集中化、分析智能化、响应自动化、防护协同化的主动、智能、协同的全网一体化安全防护体系。

5.3.1 全力构建 7×24 小时实时监测响应体系

中国移动全力聚焦"快、准、清"，开展全网 7×24 小时安全监测，实现"轴心中枢"的统一调度，完成从"重大活动保障值班"向"7×24 小时常态化值班"的转变。中国移动安全集中运营中心（SOC）组建安全监测运营团队，强化省市属地化响应处置能力，形成全网"一级监测、多级处置"的 7×24 小时监测体系，推动全网安全攻击响应能力从天级"粗"分析向分钟级"精"处理转变。同时，应积极落实科学管理与分级分类思想，适配云化网络安全防护特性，强化总部集中赋能，实现了"纵向到底"的精细管控和对重要网络系统、网络云、5G 专网的集中化安全运营。

5.3.2 注智赋能外放大网安全服务核心能力

中国移动持续践行"安全即服务"理念，积极探索推进现网安全能力向服务转化，与用户共享公司网络安全成果，保障千行百业数字化高质量发展，践行安全普惠理念。SOC 聚焦当下规模化、常态化、行业化的网络攻击威胁，充分盘活全网使用率较低的安全设备资产，面向关乎国计民生的党政、金融、医疗、教育、工业、能源、农商、互联网、交通等行业，构建了涵盖全网抗 DDoS、网站安全防护、高防、域名安全在内的安全能力体系，积累了丰富的国家级重大活动安全保障经验，上游链接工业和信息化部等上级单位，下游赋能云上中小微企业，充分整合大网安全能力优势，赋能产业链，护航合作伙伴数智化转型发展。通过为用户提供一点接入、全网使用的安全防护机制，配备 7×24 全时支撑团队，依托"软件+硬件+服务"三位一体的方式，为电商用户开展大促活动提供保障，为党政、金融行业的用户抵御境外攻击，为云服务商提供晚高峰流量调度保障，并得到了行业内外的高度认可与称赞。

5.3.3 自主创新深耕高级威胁防护核心技术

中国移动自主创新，深耕高级可持续性威胁防护核心技术。APT 作为网络攻击的高级形式，近年来攻击规模和烈度不断提升，对国家、大型企业造成了严重威胁。针对 APT 攻击隐蔽性高、目标性强、攻击持续时间长等特点，SOC 充分发挥基础电信企业全程全网能力优势，创建全年 7×24 小时 APT 攻击发现、分析研判机制，创新性地提出多种 APT 攻击痕迹人工智能检测模型，配合构建"数据布控—线索发现—归因溯源"三层 APT 监测防护体系，针对日均百亿条、PB 级海量数据开展大数据分析，挖掘隐藏攻击线索，并实时跟踪监测全球 100 多个 APT 组织。经实网验证，近两年发现严重的 APT 攻击事件近百起，闭环处置遭受 APT 攻击且失陷的客户资产达数百台，涉及党政军、教育、医疗等多个重点行业。同时 SOC 发挥高级威胁情报生产能力优势，向行业主管部门报送境内外 APT 事件线索千余条，有力保障了基础通信网络安全，得到了客户赞扬和行业主管部门的高度认可。相关技术攻关成果斩获多项国家级、行业级奖励，包括国家十二部门网络安全技术应用试点示范项目、中国大数据技术与应用联盟双推优秀案例、中央企业网络安全优秀解决方案奖、中国质量协会质量技术奖等。

5.3.4 知守善攻培养高新网络安全人才队伍

中国移动坚决响应国家"十四五"人才发展规划，培养高素质网络安全和信息化人才队伍，打造高水平网络安全实训基地——中国移动 SOC 涿鹿攻防靶场。通过网络安全"学、练、赛、战"一体化设计，探索创新型网络安全人才选拔、培养、管理模式，支撑全公司开展攻防实战对抗、网络安全培训、网络安全竞赛、系统仿真研究等工作，支持安全运维、云安全、5G 安全、车联网安全、工控安全等多种复杂场景的攻防对抗演练，充分适应新型网络安全发展需求，增强自有人员应对高烈度安全攻击的实战能力，构筑实战型、研究型、竞赛型、服务型等多类型网络安全人才梯队。古有涿鹿一战定乾坤，今朝群雄逐鹿护安全。中国移动 SOC 涿鹿攻防靶场，传承炎黄战魂，勇攀网安之巅！

5.4 基础电信运营商网络安全防护体系演进方向

经过多年的政策驱动和自主探索，基础电信运营商已基本形成网络安全防护体系，全网安全防护能力已经有了大幅提升，但仍存在一些新的共性问题、痛点和难点问题需要持续关注和解决，例如常态化运营支撑能力不足、风险态势感知能力不足、行业情报共享和联防联控能力不足等问题。同时，新的网络架构、技术和业务，也促进网络安全防护手段和体系的迭代升级与能力提升。一方面，体系的各个组成部分将分别演进，并在演进过程中强化各部分的协同能力；另一方面，通过规划、建设、优化，可分阶段逐步推进体系的落地及完善。

以下几节将介绍基础电信运营商网络安全防护体系各组成部分的演进方向及分阶段推进计划。

5.4.1 演进方向概述

1. 新一代网络安全态势感知与防护处置平台的演进方向

新一代网络安全态势感知与防护处置平台需向数据集中化、监测场景化、分析智能化、响应自动化、防护协同化、能力原子化这六个方向演进。

- 通过构建安全大数据实现数据集中化。

- 基于 5G 专网、工业互联网、车联网、关键信息基础设施防护、重大活动保障等不同场景，实现监测场景化。

- 聚焦海量误告警数据压降、真实攻击检测发现等核心需求，开展 AI 告警分析研究，实现分析智能化。

- 研究和引入安全编排和自动化响应技术，实现响应自动化。

- 与基础性管理平台、基础安全防护设备和内生安全功能协同联动,实现防护协同化。

- 将数据采集、监测分析、智能研判、自动处置、情报匹配等功能插件化,实现能力原子化。

2. 基础平台的演进方向

各基础性管理平台的演进方向如下。

(1) 资产安全风险管理平台需向网络资产攻击面管理能力提升、安全合规管理赋能、漏洞扫描能力沉淀等方面演进。

- 随着资产安全管理系统的发展,需进一步提升网络资产攻击面管理(CAASM)能力,进一步提升外部攻击面管理(EASM)能力,探索利用软件成分分析、软件安全风险识别等技术,建立基础资产指纹清单和应用软件资产清单。

- 安全合规管理系统需持续推进各项合规核查能力上台,促进对内赋能和对外能力变现,探索建立弱口令核查算力池全网统筹调度框架,并新增安全设备策略集中管控手段。

- 网络安全集中漏洞扫描系统需基于中台能力开展应用创新和推广,持续推进漏洞扫描能力的沉淀和复用,并探索漏洞扫描商业化应用新模式,实现漏扫能力全网赋能。

(2) 网络数据安全风险管理平台需向网络安全管控更全面更精准、涉敏日志审计能力原子化和智能化等方面演进。

- 网络数据安全管控系统需在具备更加全面和精准的数据资产管控能力的同时,围绕数据库资产操作安全、脱敏安全进行常态化监测,具备更加有效的数据安全监测和防护能力。

- 涉敏日志集中审计系统需逐步实现审计能力的原子化、智能化和架构容器化,使系统易于部署、扩展和维护,并提升 AI 审计、脚本审计等能力,提升智能化审计水平。

（3）网络安全管控平台需向深化零信任框架、构建商用密码应用体系等方面演进。

- 新一代 4A 系统基于零信任框架的统一身份和访问管理控制能力建设，需强化边界防护和精细化自动化访问控制能力；采用基于 UDP 的网络加密传输通道，隐藏平台系统组件，避免向攻击者泄露信息；需进一步建立主客体评估体系，提升动态授权能力，建立动态防护边界，实现用户授权最小化。持续对用户终端环境、登录行为及后续操作行为进行风险评估，提升网络安全防护能力。

- 通信网商用密码管理系统需构建商用密码应用体系，并持续推进通信网关键信息基础设施和重要系统的商密改造和安全防护。

（4）僵木蠕恶意流量检测平台需向强化安全模型研判、推动平台创新等方面演进。

- 随着机器学习及 AI 等新技术的发展，僵木蠕恶意流量检测平台将引入机器学习、AI 等新技术强化安全模型研判能力，并提高成果数字化展示能力，助力 5G+产业互联网安全，并具备对外赋能的能力。

- 通过"上下联动、左右协同"实现安全资源共享、整合，推动平台不断创新和发展，为全网安全保障提供更加全面、高效和可靠的支持。

（5）集中化抗 D 平台需向构建行业级联动处置能力，适应安全服务市场及客户需求等方面演进。

- 集中化抗 D 平台将持续做优做强平台能力，实现对重点防护对象自上而下的纵深性监测防护，提高攻击事件的及时发现与防护保障能力。

- 强化集中安全赋能，通过高效、协同建设与运营的方式发挥大网抗 DDoS 能力优势，推动形成统一抗 DDoS 能力，保障大网运行安全，并为客户提供高质量的安全服务。

（6）SOC 攻防实战平台需向渗透测试场景多样化、引入系统仿真功能等方面演进。

- SOC攻防实战平台需解决传统靶场渗透测试场景简单化、单一化等问题。通过分布式部署多类渗透测试场景，高度模拟企业日常运维、关键基础设施、工业互联网、智慧城市等现网环境，以练促战，提高全网安全人员的实战攻防水平。

- 引入系统仿真功能，提升安全评估水平和入网测试效果。系统仿真功能除了可用于支持专家在目标虚拟环境下开展安全评估、漏洞研究、技术验证等工作，还将支撑系统新版本入网测试，服务全网，打造自动化、标准化、规范化的入网安全测试流程。

3. 基础安全防护设备和内生安全功能的演进方向

基础安全防护设备和内生安全功能需向安全资源池建立、基础防护能力迭代升级、内生安全能力研究等方面演进。基础安全防护设备和内生安全功能应持续优化防护策略配置，确保功能合理部署、合理配置，确保手段有效、安全防护服务有效。一是建立安全资源池，推动基础防护能力池化部署。池化安全防护能力优先满足对外安全服务需要，在此基础上适时满足对内安全防护需要。二是推动基础防护能力迭代升级。应跟踪网络安全技术发展趋势和创新方向，组织新技术试点验证，并根据试点效果形成技术规范，进而推广部署。有计划地组织端点检测与响应、扩展检测响应、入侵与攻击模拟、动态蜜罐部署等新技术试点验证。三是深化内生安全能力研究。继续开展微隔离、信令安全等内生安全新技术测试验证，并探索现网推广应用。总部应进一步强化内生安全标准引领和产业生态构建，共同打造业界领先的内生安全能力。

5.4.2 分阶段推进计划

基础电信运营商网络安全防护体系分为规划、建设和优化三个阶段逐步推进。

1. 规划阶段

在规划阶段将完成网络安全防护技术体系整体规划编制，并按照防护体系安全系统及手段的相关标准、规范和技术要求逐年更新，指导全网开展安全能力建设和提升。编制算网安全能力资源池及商密平台建设方案，开展安全能力池化和商密能力建设，初步完成SOC攻防实战平台建设。组织零信任、告警AI分析、内生安全、自动化安全、入侵与攻击模拟、动态蜜罐部署、端点检测与响应等新技术的研究及试点验证。

2. 建设阶段

各省公司按照上述整体规划，以及相关系统及手段的标准、规范和建设要求开展防护能力建设和提升。总部组织开展网络安全防护技术体系修订，初步完成安全能力资源池、商用密码管理系统功能的建设。充分发挥安全数据集中优势，基于态势感知平台的数据能力，提升 APT 攻击检测处置能力、跨网攻击溯源定位能力，实现安全检测和溯源能力赋能全网。同时，视试点效果开展新型安全技术推广部署，进一步提高安全防护体系的智能化、自动化程度，初步具备全网主动式安全防护能力。

3. 优化阶段

开展网络安全防护体系相关技术手段的安全监测和防护能力验证，以及相关安全系统安全运营支撑能力评价，针对相关问题提升全网整体安全防护水平。同时，结合相关技术手段监测防护能力的短板、安全系统支撑能力的不足，以及当前安全发展趋势，开展网络安全防护技术体系修订。

经过三阶段的安全体系推进，将构建相对完善的基础电信运营商网络安全防护体系，支撑现网的安全运行。后续将常态化、体系化开展安全防护体系的规划和建设，使安全工作和安全能力更多体现在规划和设计阶段，将安全融于设计之中。另外，整体安全防护将从传统外挂式的安全向原生、内生安全过渡，并尽可能将安全新技术、新方法、新理念纳入早期安全规划阶段，推动安全防护手段和体系的迭代升级和能力提升。

第 6 章

进阶：6G 安全

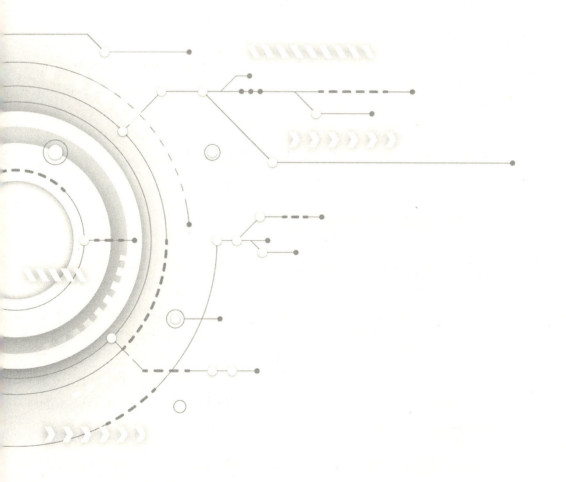

回顾移动通信技术的发展历史，其基本遵循每十年一代的发展规律，在 5G 商用即将过半程的时候，移动通信的未来发展又成为社会关注的热点。5G 时代是万物互联的时代，6G 时代将是万物智联的时代。在 6G 时代，人类社会将步入智能化阶段，6G 移动通信技术也向泛在互联、普惠智能、多维感知、全域覆盖、安全可信等方向发展，推动数字世界与物理世界的无缝融合。在 6G 时代，虚拟现实（VR）将被扩展放大，成为沉浸式体验，实现从虚拟现实（VR）和增强现实（AR）到扩展现实（XR），融合现实世界和虚拟世界，从而形成一个全新的智能世界。而这个过程也给以 6G 为代表的未来移动通信技术提出了新的更高的安全要求。

从历代移动通信系统的发展历程来看，移动通信网络在标准化过程中对安全运维、安全防护等网络运行阶段的安全需求考虑得并不多，安全运维、安全防护机制基本都是在网络建设之后基于经验逐步迭代而成的。基于同样国际标准的全球运营商，甚至同一家设备供应商的不同网元，其建设的移动通信网络在实际运营过程中展现出的安全水平都可能差别巨大，安全事件发生的频次、造成的危害等也有极大的区别。造成这一现象的重要原因就是，安全运维实践、安全防护实践主要取决于运营商的安全理念及安全水平，而非取决于系统标准。由此，在全球 6G 标准化工作启动之时，如果在需求研究、架构设计、系统实现等阶段充分考虑移动通信网络的安全运维实践、安全防护实践，将会大大推动全球商用 6G 网络在安全方面的提升。

6.1　6G 网络目标与安全防护要求

ITU 在 2023 年发布了 6G 愿景 "Framework and overall objectives of the future development of IMT for 2030 and beyond"（IMT 面向 2030 年及未来发展的框架和总体目标建议书），提出了 6G 的目标、趋势、场景、能力等，同时给出了预期的 6G 发展时间表，预计在 2030 年左右实现 6G 商用。2024 年 3 月，3GPP 确定了 6G 标准化时间表，并在 2024 年上半年开始进行 6G 用例和需求研究。NGMN 发布了《运营商视角的 6G 立场声明》及《ITU-R IMT-2030 框架：审视及未来的方向》，指出全球统一 6G 标准至关重要，声明 6G 标准在使用场景等方面与 ITU 的一致性。ITU、3GPP 等全球重要标准组织开展 6G 相关工作标志着 6G 实现之旅已经开启。

与前几代移动通信系统不同，安全性在 6G 研发阶段受到了前所未有的高度关注。

全球通信产业界各方纷纷发布各种6G安全白皮书、技术报告，阐述对6G安全需求、安全架构、潜在技术的相关观点。美国下一代网络联盟（NEXT G联盟）是由美国电信行业解决方案联盟（ATIS）发起并成立的，其成员包括欧美各知名ICT企业的组织，旨在推动北美6G及未来移动通信技术的发展。NEXT G联盟在"Roadmap to 6G""Trust, Security, and Resilience for 6G System"等报告中提出把"可信、安全和韧性"作为6G的目标之一，同时给出了实现安全能力的相关技术方向。欧洲大量知名ICT企业参与了欧洲6G旗舰研究项目Hexa-X，在报告"Hexa-X architecture for B5G/6G networks – final release"中把可信嵌入网络、超链接韧性网络作为6G网络的应用场景，提出可信性将是未来网络社会的基石，认为可信是6G相关研究的主要挑战。我国IMT-2030(6G)推进组在《6G网络安全愿景技术研究报告》《6G可信内生安全架构研究报告》中分析了6G新模式、新场景和新技术带来的安全需求，研究了内生安全架构及关键实现技术。中国移动、华为、中兴、爱立信、诺基亚等国内外知名通信企业和设备供应商也纷纷发布了6G安全相关白皮书，认为安全性将是6G网络的重要特性。

6.1.1　6G网络目标

过去，通信行业一直遵循"储备一代、研发一代、应用一代"的发展模式，虽然现在5G尚未完全普及，但是关于6G的研发已经在路上。根据ITU给出的6G时间表，目前已经完成了6G愿景定义，识别了潜在的应用趋势和新兴技术趋势、定义了增强型/新型应用场景和相关能力。根据6G愿景定义，6G也会致力于不断提升网络的安全性和韧性，努力实现"设计即安全"的目标。同时，我国IMT-2030(6G)推进组作为系统化推动中国6G研发与国际合作的重要平台，也提出了6G的关键技术及相关的网络安全愿景，通过构建6G内生安全体系，在网络设计之初就考虑安全问题，使6G网络具备内生安全能力，实现从"网络安全"到"安全网络"的整体跨越。

1. 6G网络的总体目标和应用场景

2023年，ITU在其发布的"目标建议书"中明确了6G网络的四项总体目标及六大应用场景（见图6-1），为未来6G国际标准及商用发展奠定了基础。其中，四项总体目标包括可持续性（sustainability）、连接未连接（connecting the unconnected）、安全和韧性（security and resilience）、泛在智能（ubiquitous intelligence）；六大应用场景包括沉浸式通信（immersive communication）、高可靠低时延通信（hyper reliable and low-latency communication）、超大规模连接（massive communication）、AI 与通信融合（AI and communication）、泛在连接（ubiquitous connectivity）、通感一体（integrated sensing and communication）。

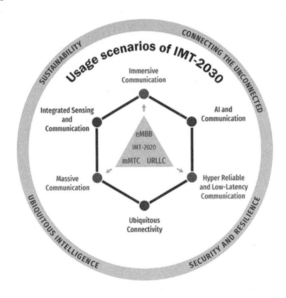

图 6-1　ITU 提出的 6G 网络的总体目标和应用场景

从 2G 到 5G，移动通信网络在不同阶段主要提供语音服务、连接服务等，而 6G 网络还将提供 AI、通感等服务，网络安全问题将会造成更大的影响。为了满足网络发展和业务发展的安全需求，6G 提出了安全及韧性总体目标。6G 安全既包括传统的用户数据及信令的机密性、完整性、可用性，又包括网络、设备和系统应对各种黑客攻击的能力。6G 韧性是指在自然或人为破坏的情况下，网络和系统能够继续运行并提供连续性服务。网络韧性是近几年的热点，2021 年 RSAC 大会的年度主题就是"韧性"，而 ISO、NIST、Gartner 等业界重要组织也都对网络韧性提出了定义及相关的建议实现方式。应对未来网络的高级威胁，不仅需要搭建面向系统的网络安全保障体系，还需要引入面向业务的网络韧性体系，从业务视角保障网络安全，实现业务持续运行。因此，6G 网络韧性是对网络安全的重要补充。

在 5G 时代，SDN/NFV 等 IT 技术、网络能力开放等业务模式给 5G 网络安全带来了巨大的挑战。类似地，6G 时代的新技术和新业务模式也将带来新的安全挑战，例如 AI 技术对安全攻防的促进、量子计算对密码学的冲击等。6G 时代将实现真正的万物智联，支持空天一体化架构和海量终端连接，但各类应用场景的安全要求不同，因此需要具备真正多样化的、更高的安全能力。从 6G 应用场景出发，6G 网络需要更强的安全技术机制、更高的安全防护能力、更灵活和更具韧性的安全攻击防御能力，这样才能为网络、连接、业务的安全保驾护航。

2. 6G 网络能力

ITU 同时提出了 6G 的网络能力（见图 6-2），主要分为两类：一类是对 5G 已有能力的增强，包括安全和韧性（security and resilience）、峰值速率（peak data rate）、用户体验速率（user experienced data rate）、空口时延（latency）等；另一类则是 6G 新增的能力，包括 AI 相关能力（applicable AI-related capabilities）、感知相关能力（sensing-related capabilities）等。

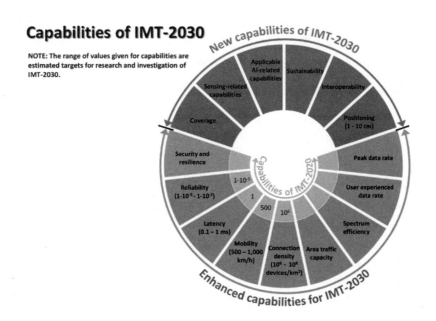

图 6-2　ITU 提出的 6G 网络能力

6G 网络需要确保信息在传输过程中的安全性，同时要求在设计时就充分考虑对用户隐私的保护。6G 应用场景提出了对网络、业务、系统的安全性及健壮性要求，也要求具备快速恢复和适应的安全能力，满足工业智能控制、无人驾驶、虚拟现实等各类应用场景对网络、业务、系统连续性的要求。当前各标准组织、研究机构等普遍认为，提升 6G 安全能力可能用到的新技术包括区块链、隐私计算、联邦学习、量子通信、内生安全等技术。

在 6G 时代，安全和韧性成为重要的能力。随着 AI、区块链、量子通信等新技术的发展和应用，网络自身将具备更强的安全能力。6G 架构的演进将支持更加灵活的安全能力，而网络在安全信息的采集、分析、管控等方面的能力也会进一步增强。与此同时，要通过内生安全技术继续增强设备自身的安全能力，设备自身能够应对一定的网络攻击，满足安全要求。在此基础上，还要考虑到自然、人为等因素可能对网络造成的破坏性影响，基于此提升网络韧性。

6.1.2　6G 安全防护要求

通信网络作为关键信息基础设施，深刻影响着社会生活、工业生产、国家安全等方方面面，因此对其安全性、可靠性、稳定性有着极高要求。随着 SDN/NFV 的广泛应用，云化、虚拟化、IT 化给通信网络的安全带来了极大的挑战，通信网络的安全运维与防护面临着诸多困难。在此背景下，需要进一步明确 6G 通信网络的安全防护要求。具体如下。

1. 以业务为中心

传统安全防护手段适用于各种通用场景，通常以操作系统、数据库等通用系统为中心进行防护。从通信业务角度来看，安全防护是为了保障业务运行，需要以业务为中心来开展。具体如下。

（1）安全检测以业务为中心

与 IT 系统相关的安全检测手段基于常见的安全攻击方式的特征进行匹配，发现安全威胁。这通常需要了解尽可能多的安全攻击方式，收集尽可能多的攻击特征，进行尽可能多的安全攻击检测。然而，从电信级稳定性、可靠性和性能方面考虑，这种模式并不适合移动通信网络。从业务需求上来看，移动通信网网元在进程、文件、服务、端口等资源方面都有很高的确定性特征；同时，在用户行为、管理维护行为、网元访问关系、日志生成行为等方面也有很强确定性特征。基于这些确定性特征，将资源、行为等纳入白名单进行管理，以业务为中心检测资源和行为与预期的不同，能够更高效、更有效地实现网络安全检测。

（2）安全防护以业务为中心

传统安全防护通常以操作系统、数据库等为保护对象，通过传统的 IP 地址绑定、VLAN 划分等方式进行安全防护。在移动通信网络中，随着网络新架构、新技术的引入，网元甚至网络都会动态变化。动态扩缩容的网元、分布式的核心网、下沉的边缘计算网络使得移动通信网络中设备之间的通信关系变得更加复杂。安全防护需要随业务动态变化，实现手段也需要从面向 IP 地址转为面向业务，从业务角度出发，基于网元、网络的作用或角色进行精细化访问控制，实现以业务为中心的微隔离。

（3）安全态势呈现以业务为中心

传统安全态势感知平台通常基于 IP 地址或系统呈现安全态势。在移动通信网络中，需要从基于网元（一个网元很可能包含多个系统）或网络业务的角度出发呈现安全态势，以及安全事件对业务的影响。在 ToB 网络场景下，还需要进一步呈现安全事件对 ToB 客户或 ToB 业务系统的影响。以业务为中心的安全态势呈现不仅仅是传统安全态势感知平台中标签的改变，更是基于网络架构、网络拓扑、通信业务关系进行智能化、自动化安全态势呈现的具体实现。

（4）安全处置以业务为中心

IT 系统的安全处置手段通常以操作系统、数据库等为中心，为确保系统安全，会对应用资源进行删除等处置操作；而移动通信网络的安全防护需要以业务中心，不能删除业务需要的资源及运行业务需要的系统资源。移动通信网络进行安全处置时，通常先由网络运维人员从业务角度评估事件，然后进行处置，而传统网络安全专家更多会开展安全风险发现和检测工作。

（5）从网络安全到网络韧性

从 2G 到 5G，移动通信网络的安全主要指加密、防攻击等。6G 安全在此基础上强调网络韧性，也就是网络承受攻击的能力、网络快速恢复的能力、网络快速自适应的能力等。从网络安全到网络韧性体现了 6G 安全以业务为中心的特点，关注 6G 在网络受到攻击的情况下，业务健康连续运行的能力。

2. 确定性安全

传统安全防护以网络和系统为保护对象，基于模式匹配等检测方式，尽可能地提供安全服务。安全防护尽力为所有用户、应用提供统一水平的通用防护机制，更关注系统，而对业务和用户感知较少。移动通信网络安全防护要求以业务为中心，在检测、防护、呈现、处置等方面更关注业务，安全防护的目标是确保业务稳定、健康地运行，希望能具备确定性安全能力，实现可预期、可管、可控、有确定性特征的安全防护水平，从而满足确定性网络的要求。针对不同的客户和应用，6G 网络安全防护能够提供不同 SLA 等级的安全保障，保障工业生产的稳定性和连续性不会因 5G 网络安全而受到影响。

为实现确定性安全，需要避免模式匹配等方式带来的误报情况，更多应采用基于白名单的安全检测模式，从业务运行所需的明确资源角度出发，实现准确检测、准确处置。

3. 电信级可管

6G 网络自动扩缩容能力是网络灵活性的基础。为满足电信级管理要求，安全防护也必须做到自动扩缩容、自动编排，随着网络扩缩容而自动部署和运行。同时，在安全防护能力维护、升级、运行等过程中，要确保不会破坏网络的安全架构，不会引入新的安全风险。与网络管理系统类似，6G 移动通信网络也需要统一的安全管理系统，能够对安全策略进行集中管理，对安全态势进行集中呈现。

4. 电信级可控

为确保移动通信网络的高可靠性，减少安全防护能力对网元运行的影响，安全防护能力必须在启动时、运行时在资源占用、资源权限等方面确保可控。基于将安全纳入设计的原则，在设计 6G 网络的安全防护能力时应明确 CPU、带宽、内存等重要资源的占用情况，在运行时有机制确保不会因资源占用而影响网元运行。

5. 电信级高性能

通信网络对可靠性、实时性的要求很高,在业务处理时需要保证系统资源充足,安全防护能力不能抢占业务处理资源。与此同时,安全防护能力也需要具备高性能和高稳定性,不能因为运行时资源占用过多、性能变化等而影响网络的整体性能、可靠性和稳定性。因此,在移动通信网网元上进行安全防护时,传统模式匹配、全量文件检测等方式会占用较多资源,并不适应通信网络场景。针对移动通信网网元,应基于白名单方式进行安全检测和防护,满足通信网络的高性能、高稳定性要求。

6. 安全分级

一网承载所有业务的模式在 5G 时代有了变化,不同应用可以由不同专网承载,提供差异化的服务。在 6G 时代,服务差异化能力会进一步增强,针对不同的应用,安全防护能力也将不同。另外,随着移动通信网络的进一步开放,网络内部的防护也将进一步分级,例如在 6G 核心网内部也可以进一步划分高安区域,对涉及用户信息的网元进行更高等级的安全防护。

6.2 6G 安全架构与关键技术

作为全球网络规模最大的运营商,中国移动历经 2G~5G 几代移动通信网络,持续不断探索移动通信网络的安全运维和安全防护相关技术方案,网络安全运维水平和网络安全防护水平处于行业领先地位,形成了具有鲜明行业特色的网络安全理念和方法论。

全球 6G 研究如火如荼,很多研究机构提出了 6G 架构,给出了 6G 网络中的网元及系统逻辑结构。6G 在设计之初就需要实现安全与网络的一体化设计,在网络设计时需要充分考虑网络安全运维实践。从网络运维角度出发,安全运维与网络运维类似。网络运维通过基础设施管理功能、网元层管理功能、网络层管理功能对移动通信网络进行配置、故障、性能、业务开通等管理。安全运维则通过基础设施层安全管理功能、网元层安全管理功能、网络层安全管理功能对移动通信网络进行安全检测、防护、处置等,保障网络安全、健康、稳定地运行。

1. 安全运维视角的 6G 安全架构

从 2G 开始,移动通信网络一直面临着安全挑战。传统的解决方法主要是补丁式、外置式的安全手段,这些安全手段基本都是被动式防护手段,并不能主动抵御安全问题,在网络演进或改变时也很难进行适应性调整。通信行业一直在探索内生式的安全技术手段,希望网络自身、设备自身具备安全检测及防护能力,并且能随着网络调整而自动调整。在通信行业的努力下,5G 开始具备了内生安全能力,网络自身、设备自身开始具备安全检测及主动防护能力。同时,安全运维实践也不断证明 100%的安全防护是不现实的,作为关键信息基础设施的移动通信网络也必须要考虑在安全防护失效的情况下应采取什么样的恰当弥补措施,以确保业务在遭受安全攻击的情况下仍然能持续运行。

传统意义上,通信网络的运维管理一直有成熟的架构及体系,ITU、3GPP 等标准组织也制定了明确的接口、功能、架构标准,形成了以 FCAPS——错误(Fault)、配置(Configuration)、计费(Accounting)、性能(Performance)、安全(Security)为核心的管理功能,构建了涵盖系统、网络、业务等多层面的网络运维架构,实现了"以网管网"的通信网络特有的网络运维体系。然而,通信网络安全运维管理一直缺乏标准化的架构体系。在系统、网络、业务层面,通信网络没有给出明确的接口和架构以提供安全运维管理,也就没有形成类似网管系统的安全运维管理系统,即无法形成安全领域的"以网管网"架构和体系。迄今为止,在安全运维领域也没有实现真正的可管、可控的系统化能力和架构体系。在各运营商的安全运维实践中,安全运维往往被视作网络运维的一部分,或者被视作离散的、随机的、带外管理的一部分。因此,全球运营商 SOC 系统建设就存在两种模式,一种是 SOC 系统作为 NOC 系统的子系统,优势是能够将安全运维与网络运维结合,劣势是安全专业性不突出、不独立,甚至通过攻击管理系统就能严重影响安全检测及处置;另一种是将 SOC 系统作为单独的子系统独立建设,优势在于安全运维独立,同时能够检测到网络管理域的安全攻击,劣势在于安全运维与网络运维分开,容易导致安全运维与通信业务割裂,无法实现以业务中心的安全管理,安全操作在极端情况下甚至会影响业务正常运行。

6G 网络安全更受重视,安全运维也变得更加重要。6G 网络安全需要明确架构,实现系统、网络、业务层面的安全管理,检测网络管理域的安全攻击。同时,安全运维能够结合业务实现以业务为中心的安全管理,实现安全运维与网络运维彼此独立但又相互协同，共同构建"以网管网"的通信网络特有的运维体系。

内生安全技术使得网络设备自身具备了安全检测、安全防护能力，并且结合业务特征、运行环境上下文等，能够大幅提升安全水平。相比于通用的安全手段，内生安全结合业务、运行环境能提供确定性的安全保障，具有更高的安全检测效率及更准确的安全检测效果，能够满足确定性网络的安全要求。国内外的很多重要关键信息基础设施行业都提出了类似的安全要求，虽然说法不一（例如本体安全、主机安全检测、Agent 安全等），但是安全理念和原理是基本一致的。在 6G 研究阶段，国内研究报告普遍将内生安全作为 6G 安全的重要实现手段。从安全运维实践中来看，考虑到漏洞无法避免，基于知识的"补丁"式安全措施也就无法确保安全，外置的安全手段并不能完全抑制网络攻击，而内生安全将成为 6G 安全的基石。

按照大型复杂系统建模的方法，6G 安全架构设计可以包括多个视图，例如逻辑视图、设计视图、部署视图、运行维护视图等。当前，业内提出的多数 6G 安全架构体系都是基于逻辑视图的。国内 6G 安全研究成果普遍认为内生安全理念将是 6G 安全防护架构的总体原则，多个研究成果给出了 6G 内生安全架构。我国 IMT-2030（6G）推进组在《6G 可信内生安全架构研究报告》中提出了 6G 可信内生安全架构，将 6G 内生安全架构分为安全能力层、安全控制层、安全决策层。网络通信与安全紫金山实验室在《6G 内生安全可信技术白皮书》中提出 6G 内生安全可信体系。

根据通信网安全防护要求，6G 安全防护与传统 IT 领域的安全防护有着很大的区别。传统安全防护技术已经难以满足 6G 安全防护的要求。通信业界普遍认为需要基于内生安全的方式实现通信网络的安全防护。内生安全就是在 6G 的设施层、网元层、网络层等均部署安全检测、安全防护等安全能力，并且安全能力要与业务结合实现轻量化、高性能、随网络自动扩缩容，不影响通信网络及业务的稳定运行。从安全运行维护实践角度来看，内生安全防护与 6G 网络自身的安全防护理念相适应，而防火墙等边界防护能力依然适应于对 6G 网络边界的防护。在统一构建 6G 安全防护体系时，需要内生安全防护技术和传统安全防护技术相互协同。

6G 内生安全架构如图 6-3 所示。

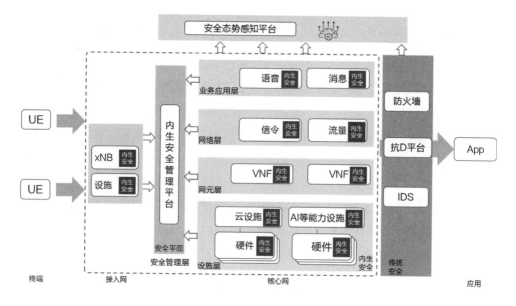

图 6-3 6G 内生安全架构

6G 网络中的基础设施、网元、网络及应用等安全防护基于内生方式实现,而 6G 网络边界的安全防护由传统的防火墙、抗 D 平台等实现。简而言之,通信网络基于内生安全实现防护,IT 网络基于传统的安全手段实现防护,两者之间会有比较清晰的边界。6G 内生安全强调面向 CT 业务基于内生的方式实现。从具体实现方式上来说,网元自身具备的安全能力称为网元内生,通过在网内部署安全防护网元而使网络整体具备的安全能力称为网络内生,而 6G 整体内生安全可以认为是分层实现的内生安全。网元内生安全、网络内生安全的具体实现技术包括常见的基于 Agent 的安全检测、微隔离、白名单、面向业务的安全检测等。

2. 数字孪生

5G 网络提出安全可视的要求,但是没有提出具体的实现方式。在网络安全运维过程中,主要通过内生安全管理平台呈现安全资产属性、病毒防护、入侵检测、微隔离主动防护等安全态势。6G 网络安全可视能力会进一步增强,特别是在分布式网络子网态势、网络信令安全态势、业务层安全态势等的感知和呈现方面,能力会更强。

数字孪生对物理实体进行实时、精准感知并在数字世界中进行虚拟映射,基于历史数据进行智能学习并计算得出最佳决策及最优方案。数字孪生不仅仅在网络运维等领域能够发挥重要的作用，在网络安全领域也至关重要。移动通信网络对可靠性、稳定性要求极高，作为大规模网络，网络安全信息采集可能会影响网络性能，对业务性能和业务质量造成破坏；网络安全处置操作可能会影响网络安全运行或造成业务中断。因此，基于物理网络的虚拟孪生网络进行安全检测分析和处置推断，不会影响实体网络的高稳运行，且数字孪生的分析结果可以用于发现物理网络的安全问题、预测物理网络的安全运行态势、优化物理网络的安全处置。直接在物理网络上实施安全处置相关操作可能会造成网络中断，直接影响网络连续运行，因此，数字孪生在网络安全分析及处置方面更能发挥作用。

AI 和数字孪生技术将是实现 6G 安全可视的关键技术和重要基础。AI 赋能安全能力的增强，数字孪生推动网络安全仿真和预测，这些使得 6G 具备前所未有的安全可视能力和安全态势呈现能力。数字孪生不是一个单项技术，从安全运维的角度来看，数字孪生未来将进一步与 DT、OT 技术深度集成和融合，实现物理网络安全与虚拟孪生网络安全的统一。

传统意义上，网络安全检测和处置需要直接在真实的网络上实施，分析过程耗时长且存在影响网络稳定性的风险。5G 网络安全引入了内生安全等新技术，但检测和处置也是直接在网络上实施的。基于 AI 和数字孪生技术的理念，6G 网络将进一步向着更全面的可视、更精细的仿真和预测、更智能的控制等方向发展。

基于数字孪生技术，6G 网络会有一个虚拟孪生网络，且与 6G 真实网络进行实时交互映射。在 6G 虚拟孪生网络系统中，各种安全检测、安全分析、安全处置模拟等可利用数据和模型对真实网络进行高效的分析、诊断、仿真，同时基于孪生网络的分析结果可以用于在真实网络中进行安全控制操作。数字孪生通过真实网络和孪生网络实时交互数据，相互影响，让 6G 网络更加安全、高效，也让 6G 安全可视更加智能化。数字孪生技术将成为 6G 网络的关键智能技术，增强 6G 网络的内生安全能力。构建 6G 安全的数字孪生网络，需要进一步明确数字孪生网络的定义和统一架构、6G 安全模型；同时，需要进一步研究数据采集、数据存储、数据建模、接口标准化，以及支撑大规模网络下的兼容性、可靠性和安全性等关键方法。基于数字孪生的 6G 安全可视架构示意图如图 6-4 所示。

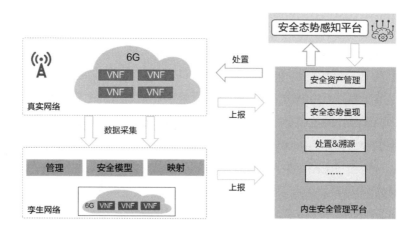

图 6-4　基于数字孪生的 6G 安全可视架构示意图

在从真实网络到孪生网络的映射过程中，网络数据采集结果会被上报给孪生网络，孪生网络经过 AI 分析和仿真后得出结果，该结果会被上报给内生安全管理平台，经人工分析后进行人工处置。

3. 区块链

区块链作为一种可信架构的基础设施，以分布式方式实现数据的可靠转移，建立多方共识的信任模式，能够弥补中心化安全架构的不足。6G 网络架构将具备明显的分布式特征，部分网络和业务场景都提出了分布式可信架构需求。元宇宙、万物智联等业务场景中存在的数字身份在不同网络之间的认证、传递等过程需要在分布式安全架构中实现，可能需要区块链技术的加持。同时，6G 网络为提供无线频谱利用率，也可能使用区块链技术提高频谱交易的安全性。此外，6G 边缘计算、分布式架构等也需要具有去中心化、不可篡改、可追溯等安全能力，以提升 6G 网络的稳健性、数据隐私性和安全透明性。

4. 隐私计算

隐私计算技术在 6G 时代受到高度关注，是国内外各 6G 安全研究报告中必提的关键技术。6G 网络会传输、存储、使用大量的敏感信息，不同网络、不同应用之间的数据频繁交换，需要隐私计算技术在实现数据保护增强的基础上满足业务数据交换的需求。6G 应用场景会涉及用户隐私的收集、处理和使用，需要使用差分隐私、联邦学习等方法保障数据安全，在实现业务智能、网络智能的各种数据分析过程中也不会泄露用户隐私，实现数据的可用不可见。然而，隐私计算技术应用到 6G 网络中还需要进一步解决计算效率低的问题。

5. 后量子密码

随着量子计算的发展，量子计算机能够破解当前的通信加密算法，对通信网络构成重大威胁。因此，当前通信系统使用的加密体系面临着巨大挑战，通信安全的机密性和完整性也面临着安全风险。在 5G 时代，业界就已经对后量子密码技术进行了大量的研究和讨论。欧美地区多国先后发布后量子密码相关战略计划，国际标准组织也在加快推进后量子密码标准制定。毫无疑问，后量子密码技术将成为 6G 安全的关键技术，其算法标准化工作也有望在近几年完成。除此之外，很多研究组织也将量子密钥分发技术作为 6G 时代保障网络和协议安全的新技术。相比于后量子密码技术，量子密钥分发技术已经走进实用化阶段，国内外标准组织在此领域也已经开展了大量的研究和标准化工作。

6.3 6G 内生安全防护体系

5G 已经对通信网的安全可视提出了明确的要求，但是 5G 网络的安全功能相对还是比较松散的，其安全防护体系没有得到系统化、体系化的开发。6G 网络将基于内生安全管理平台对通信网元、网络的安全进行统一协同、调度、管理、呈现。6G 网络的设施层、网元层、网络层、业务应用层的安全防护能力的配置管理、事件上报分析、安全态势呈现等都需要统一的安全管理平台，安全管理平台和各层安全防护能力就组成了一个相对独立的安全管理平面，称为"安全平面"。6G 安全平面集成了各层的安全防护能力，能够实现不同层安全能力的协同、调度，提升了 6G 网络的整体安全水平。

6G 内生安全与传统网络安全的边界清晰，6G 核心网、接入网等安全能力都属于内生安全的范畴。6G 内生安全能力应该基于 CT 的方式实现，实现技术更多基于业务驱动的白名单方式，具备确定性的安全保障，而不是传统网络安全模式的匹配及尽力而为的安全保障效果。6G 内生安全相关功能在稳定性、可靠性、性能等方面与 6G 网元要求相同。

另外,与网管系统在独立的 DCN 网络上承载业务类似,安全管理系统也应该在独立的 DCN 网络上承载业务,避免 6G 控制平面所在的网络或管理平面所在 DCN 网络在拥塞等极端情况下影响安全处置。管理平面、控制平面、安全平面在业务承载方面相互独立,可以避免三面之间相互影响,确保 6G 网络的高可靠性和高稳定性。

从安全运维实践的角度来看,6G 内生安全架构包括设施层、网元层、网络层、业务应用层和安全管理层。

6.3.1 设施层

在 5G 时代,核心网承载在云设施之上。常见的云安全风险也随之被引入 5G 网络。设施层的安全对 6G 安全至关重要,设施层是 6G 安全可信的源头,将成为 6G 安全的锚点。在当前的各类相关技术中,将硬件属性作为可信根的可信计算技术是适宜的技术方案。利用可信计算在系统启动时进行逐层度量,建立一种隔离执行的运行环境,可以保障计算平台敏感操作的安全性。可信计算已经在工业界应用了约 20 年,在其他领域也有较大规模的应用。在 5G 时代,业界对于是否引入可信计算有过较多的讨论,但是没有达成共识。3GPP 很早就提出了通信网络对于安全计算环境的需求,但是对于安全计算环境的具体实现技术并没有给出统一的标准。随着各个国家对通信网络安全重要性的日益重视,运营商也开始关注可信计算,产业生态变得进一步开放,在 6G 时代,通信网络有望接入可信计算相关技术,实现基于硬件的安全锚点。

6G 设施层的服务器在启动过程中通过 CPU 中的可信根对 BIOS 进行度量,将度量值存储到 TPM 中并记录度量日志。这样便可在系统启动过程中进行逐级度量形成完整的可信链和度量报告,启动完成后将度量报告发送给远端的 RA Server,由 RA Server 完成度量值和基线值验证。在 CPU 中构建可信度量根(一段不可更改的度量代码,由 CPU 厂商烧录在芯片上),在 TPM 芯片中构建可信存储根(根密钥,由芯片厂商预置的种子派生而成)与可信报告根(证书,由芯片厂商预置背书证书,背书证书创建 IAK 密钥对并由设备商/运营商 PKI 颁发 IAK 证书,IAK 证书用来对度量报告进行签名)。6G 可信计算架构如图 6-5 所示。

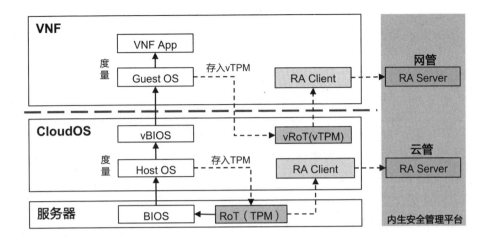

图 6-5　6G 可信计算架构

在 5G 时代，通信网络引入可信计算技术是其中一个热门的研究领域，部分研究提出在网元注册等关键业务过程中引入可信计算的安全度量结果，通过安全控制业务将基础设施的资源层安全和业务执行过程耦合，实现 5G 一体化安全。从安全运维实践和业务运维的角度出发，运营商更希望安全运维和业务运维流程分离，安全运维发现安全威胁，业务运维基于发现的安全威胁进行业务配置和更改等处置，以此减少对网络和业务稳定性的影响。

6.3.2　网元层

国际上许多国家都对移动通信网络提出了很高的安全监管要求，例如英国要求通信网网元必须具备安全检测及安全信息上报能力，以此提升通信网网元自身的安全能力。我国运营商不断开展通信网络安全防护创新研究，在 5G 时代逐步开始在 5G 通信网网元上部署内生安全能力，实现网元自身安全入侵检测、安全主动防护等能力，5G 内生安全也在行业内获得了广泛的认可。

在 6G 时代，内生安全能力将不断演进，功能不断增强，内生安全也会成为 6G 网络的基本安全能力。云设施层、网元层、网管层等都将具备内生安全能力，这些能力能在内生安全管理平台中被统一管理、调度和展现。6G 网元层内生安全架构如图 6-6 所示。

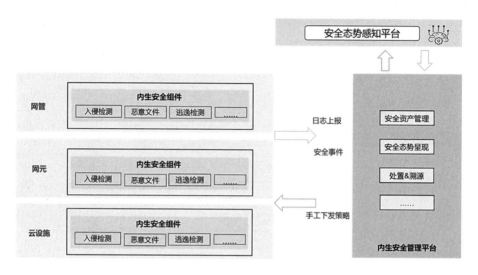

图 6-6　6G 网元层内生安全架构

内生安全组件部署在云设施、网元、网管等系统上，基于业务运行需要的资源，检测入侵攻击行为并主动进行防护。

6.3.3　网络层

网络层的内生安全能力主要包括微隔离、分布式网络安全防护、网络信令安全防护等。整体而言，6G 网络层内生安全防护能力与 5G 相似，基于 6G 的网络架构相应地增强了安全防护能力。

1. 微隔离

与 5G 网络类似，6G 网络也承载在网络云底座之上。相比于 5G，6G 在网络动态扩缩容、灰度升级、容灾等方面会有进一步的增强，移动通信网络的灵活程度前所未有。同时，微服务、Serverless 等技术的广泛应用使得对 6G 网络及云底座网络的访问变得极为复杂，访问控制也需要更加精细化，并且需要能够随着网络的变化而自动部署。6G 网络访问控制同样包括东西向、南北向流量控制，在网络访问时基于安全策略进行检测和控制。传统的微隔离架构面向 IP 地址、端口等进行访问控制，难以体现业务、网元等信息。6G 网络的微隔离是基于业务的微隔离，能够面向通信业务的网元实施访问控制，发挥微隔离的最大价值。这与 Garter 定义的基于身份的微隔离

第 6 章 进阶：6G 安全

（ID-BASED SEGMENTATION）有异曲同工之处，6G 微隔离需要实现通信业务的管理、网元识别和管理、策略的自适应/自迁移/自部署。6G 微隔离架构如图 6-7 所示。

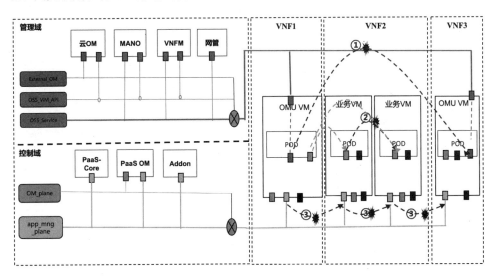

图 6-7　6G 微隔离架构

2. 分布式网络安全防护

在 6G 时代，各种类型的行业终端、接入终端将急剧增多，同时，随着通算一体趋势的发展、AI 原生服务能力需求的提出，6G 时代在 5G 专网的基础上将出现大量的分布式边缘网络和各种专网场景。

6G 终端可以只接入某个分布式子网并由单独的子网提供服务，也可以同时接入分布式子网和中心网络并由多个网络协同提供服务。因此，6G 时代的网络下沉部署情况将会更复杂，应用场景也将更广泛。分布式子网下沉时可能部署在园区、工厂、校园或相对开放的区域，存在很大的可能被恶意人员实施物理接触或物理攻击，极容易成为网络攻击的入口。分布式子网与中心网络之间、分布式子网之间的安全防护就显得尤为重要。在此类场景下，需要考虑的重点攻击方式包括假冒子网到中心网络的信令攻击、假冒子网到其他子网的信令攻击、对中心网络或子网的拓扑探测等。6G 的业务网元自身不具备此类安全防护能力，需要通过专用网元进行安全防护，从而实现网络整体视角的内生安全防护。6G 网络层内生安全防护架构如图 6-8 所示。

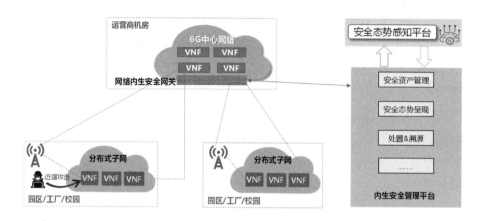

图 6-8　6G 网络层内生安全防护架构

3. 网络信令安全防护

传统意义上，通信网络会围绕网元设备建立信任关系，网元设备建立连接后对传输的信令等内容缺乏细粒度的分析和管控，这会导致只要设备接入通信网络就能够发送精心构造的恶意信令，引发一系列安全问题。全球运营商通过互联互通构成了巨大的通信网络，部分国家的电信网络监管不严，恶意设备能够假冒网元直接接入通信网络。部分国家的小运营商也会出售通信网络的接入链路，并通过互联互通影响全球通信网络安全。近年来，网络信令安全攻击大幅增多，定位、监听、窃取信息等攻击事件层出不穷。6G 网络必将提出新架构、新协议、新功能，但是由互联互通、假冒网元等导致的信令安全问题可能会一直存在，在实际的网络运维过程中需要进行安全防护。

GSMA 发布了一系列网络信令安全防护指南，提出了纵深防护的信令防护理念，以及通信网信令安全的攻击场景和相应的防护措施。运营商需要基于实际的网络部署模式，开发信令安全防护系统。6G 网络内生信令安全防护架构如图 6-9 所示。

根据 GSMA 的信令安全防护理念，6G 时代也会面临国际、网间、网内等场景下的信令安全威胁，6G 网络信令安全防护也要考虑围绕这三个场景进行。

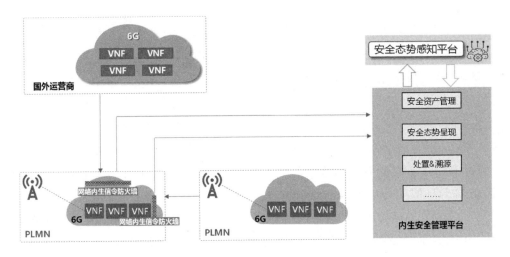

图 6-9　6G 网络内生信令安全防护架构

6.3.4　业务应用层

从 1G 到 5G，语音、短信、数据等业务种类不断出现。到 6G 时代，AI、通感一体等都会推动 6G 业务供给方式发生变化。但是，传统的基础语音等服务依然会存在，其安全问题仍会受到高度重视。例如，近几年电信诈骗成为全球各国的安全治理难点，语音通信中的虚假主叫等问题也是值得关注的焦点。"老技术、新问题"是 GSMA 在 2024 年发布的《GSMA 移动通信安全视图》中对电信诈骗、GoIP 诈骗等问题的看法。对于移动通信的语音等"老技术"带来的诈骗等"新问题"，产业界也在不断探索解决方案，并将会在 6G 时代对这些方案进行演进和迭代。

以虚假主叫电信诈骗为例，美国提出了 STIR/SHAKEN 方案，并且令各个运营商强制实施，欧美很多其他国家跟进采用该方案。同时，还有许多国家采用了对语音信令进行分析监测的方案，例如基于主叫号码的忙/闲状态、漫游状态等判断当前呼叫是否为虚假主叫，若为虚假主叫则进行拦截。

6.3.5　安全管理层

安全运维的目标是对通信网络及业务进行安全管理，包括安全检测、安全管控、安全态势呈现等。从 2G 到 5G，行业内并没有建立统一的安全管理标准，移动通信网络安全管理包括的服务、功能、接口等也没有统一的规范。从 2G 到 4G，移动通信网络的网元设备采用专用的硬件设备和操作系统，网络部署相对封闭，普遍认为通信网络攻击面小，因此主要开展边界安全检测和防护，对网络内部安全能力的建设相对较少。5G 网络引入虚拟化技术，承载在由通用服务器构成的云上，网络更加开放，安全攻击面大幅扩大，运营商开始基于内生安全理念系统化提升 5G 安全防护能力。在 6G 时代，通信网安全运维及安全管理需要逐步制定统一的标准，在安全管理架构、功能、接口上逐步形成统一的规范。对于通信网络安全管理，目标是形成统一的国际标准，如 ITU 的 TMN（Telecommunications Management Network）及 3GPP 在 ITU TMN 的基础上制定的移动通信网络管理架构。在网管领域也要制定统一的体系化管理标准，如 TMN 的 FCAPS 等。网管领域在体系标准化后还要逐步制定网管运维流程标准，如 eTOM（enhanced Telecom Operations Map）等。

安全管理层可以汇聚设施层、网元层、网络层和业务应用层的防护能力。对比网络管理领域的 TMN 架构，6G 时代应该在内生安全的基础上制定统一的安全管理网络 SMN（Security Management Network），明确通信网络安全管理架构、功能、接口，并在此基础上制定统一的安全运维流程标准。

1. 6G 安全管理架构

对比 ITU TMN 及 3GPP 网络管理架构，6G 安全管理架构需要逐步实现标准化，有统一的架构、功能、接口等，在内生安全功能的基础上逐步形成标准化的安全管理网络 SMN，简化多厂商混合网络环境下运营商的安全管理模式，降低安全管理的成本。6G 安全管理架构如图 6-10 所示，后面将会介绍。

2. 6G 安全运维

在 5G 时代，通信网络具备了内生安全能力，但是安全运维并没有形成统一的标准化流程。为了能让网络稳定运行，通信网络运维有统一的标准流程。类似地，通信网络安全运维也需要统一的标准流程，在对相同的安全功能、安全事件进行运维时，基于标准流程简化操作，降低成本，提升网络的稳定性。

第 6 章 进阶：6G 安全　　177

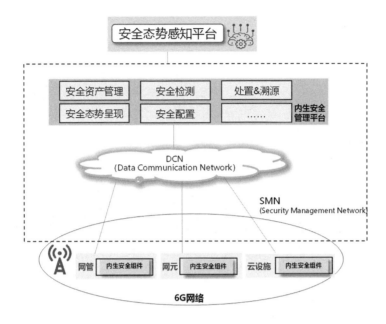

图 6-10　6G 安全管理架构

从 2G 到 5G，由于网络架构、网络技术的升级，安全运维并没有成为进行网络设计时考虑的重点。IT 化的 5G 架构使得安全风险增加、安全运维变得复杂，运营商开始审视通信网络安全运维。在 6G 时代，网络安全变得更重要，产生的安全影响更大，因此在 6G 网络设计之初就需要系统考虑安全运维的需求，从安全运维实践出发考虑网络架构和安全架构。6G 网络架构可以从逻辑视图、设计视图、部署视图、维护视图等多个视图的层面进行审视，其中对维护视图的考虑在当前设计阶段稍显不足。

本书是业界首本提出从运维视角审视 6G 安全架构的技术图书，首次从运营商网络安全运维实践的角度提出了 6G 安全需求及原则，对业界统一 6G 安全理念、开展安全架构设计必将起到一定的推动作用。6G 网络不仅仅是安全、智能、泛在、高效的网络，也是好用、易用、易运维的网络。

第 7 章

诗和远方：未来趋势及展望

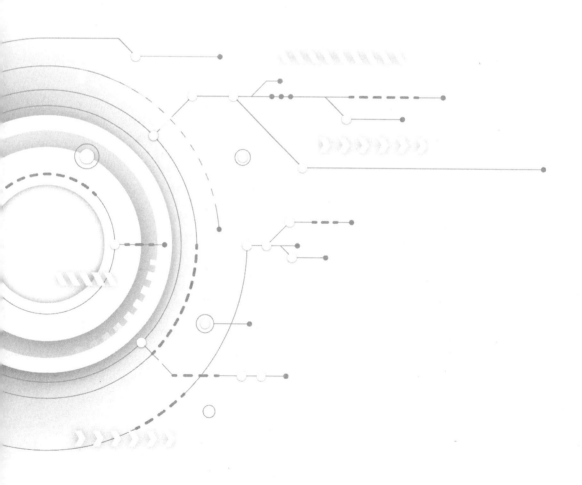

历史上，每一次移动通信网络的变革都深刻地影响了我们的生活，极大地促进了社会的发展和进步。从 1G 到 5G，从模拟通信到数字通信，从人与人之间的连接到万物之间的连接，每一次变革无一不是当时社会上最活跃、最广泛的创新，对推动社会经济发展起到了至关重要的作用。尤其是 4G 出现以来，"4G 改变生活，5G 改变社会"成为人们的共识，4G 开启了移动互联网时代，为我们的生活带来了巨大的改变。人们的衣食住行、社交、工作等都非常依赖手机，没有手机甚至会寸步难行。5G 的突出优势在于大带宽、广覆盖、低时延，5G 在工业领域、垂直行业等领域把通信的范围拓展到人与物、物与物之间，并且和云计算、大数据、人工智能等技术进行深度融合，带来了更高的社会效益。

从 5G 的万物互联到以 6G 为代表的下一代移动通信技术的万物智联，移动通信技术未来的发展必将为国计民生做出不可磨灭的重要贡献。

网络安全已经成为国家安全的重要组成部分。从 5G 时代起，移动通信技术逐渐被广泛应用于工业、能源、交通、金融等各个领域，对社会生活产生了巨大影响。在技术上，5G 在安全方面已经做了许多升级，比如用户数据完整性保护、用户标识隐藏、切片隔离、二次认证等，可以说 5G 在安全方面已经远胜前几代移动通信技术，而 6G 安全则站在了更高出发点上。鉴于移动通信技术在未来会在工业和金融等国计民生领域发挥重要作用，很多国家都认为网络安全问题会严重影响国家安全，因此对于 6G 及未来移动通信技术的安全性给予了极高的重视。

7.1 未来网络发展对安全的挑战

当前以 6G 为代表的下一代移动通信网络研究大多从学术和技术角度提出愿景、梳理需求、分析挑战。考虑到未来移动通信技术将会承载更多重要数据，应用于更多工业场景，并深度连接物理世界和虚拟世界，因此从通信网络规划与建设角度思考，应以运营商安全运维实践和系统工程设计为出发点，锚定通信网络运行安全这个终极目标，6G 及未来网络也面临着如下挑战。

1. 通信网络已处于国际网络空间对抗的前沿一线

国际上安全环境和安全形势的日益复杂导致网络空间的对抗日益加剧，而在这个过程中通信网络往往会处于国际网络空间对抗的一线。一方面，通信网络是各个国家的关键信息基础设施，攻击通信网络会对一个国家的经济、社会等造成严重的影响；另一方面，通信网络往往承载着关键行业、关键信息基础设施的通信，成为事实上的关基中的关基、系统中的系统，因此通信网络扮演着越来越重要的角色。攻击通信网络可能成为攻击其他关键信息基础设施的捷径。从 2010 年伊朗核设施遭遇震网攻击到 2023 年乌克兰最大运营商基辅之星的 4G 核心网遭遇大规模破坏性攻击，关键信息基础设施已经成为越来越多的网络空间对抗行动的目标，而通信网络则更是重中之重的目标。

2. 社会数字化转型对通信网络提出更高的安全要求

数字经济的兴起与繁荣是当代世界经济发展的关键。世界各国纷纷出台数字化发展战略，加快发展数字经济，其中通信技术成为推动数字经济进步的主要技术之一。数据的采集、发送、传输、接收和处理都离不开通信网络，通信网络质量将直接影响数字经济的发展方向和发展层次。在此过程中，无论是数据采集中涉及的通感一体技术还是数据传输中涉及的加密技术都对未来的通信网络提出了更高的安全要求，以确保数据的机密性及完整性等。在各行业将信息数字化之后，对信息物理系统（CPS）、通感一体（ISAC）、物联网（IoT）、6G 等在业务流程转型及业务模式转型过程中发挥重要作用的技术都有了更高的安全要求。

3. 通信网络大量新技术的应用面临着更多的安全挑战

人工智能、卫星通信、量子计算、区块链等新技术快速发展，并被广泛应用于通信网络中。一方面，新技术的应用给通信网络带来了新的功能、新的特性，推动了通信网络的发展；另一方面，新技术自身也带来了新的安全挑战。例如，人工智能安全治理与风险应对已经成为全球关注的热点问题，如何避免人工智能技术的滥用，如何应对人工智能伦理挑战，以及如何加强人工智能监管均是通信网络需要面对的挑战。

4. 网络安全防护模式面临挑战

当前，纵深防护、边界防护依然是重要的安全防护理念，病毒防护、防火墙、入侵检测等"老三样"仍然是重要的安全防护手段，而查漏洞、打补丁是日常重要的工作内容。随着网络攻防对抗形势的加剧，这些传统的安全防护模式面临着越来越大的挑战。一些国家级演练活动显示，一个或几个 0Day 往往就能攻陷层层设置的安全防护手段，大量的安全设备很难体现价值。网络安全攻击手段往往会综合考虑网络架构、协议、应用场景等因素，而安全防护手段却较少融合网络架构、协议及应用场景等，导致易攻难防、攻防不对等。因此，面向运维实践的未来通信网络安全防护，需要在理论与实践上进行突破与创新。

5. 通信网络安全评测模型缺失

当前，国内外安全标准大多围绕网络设备、系统等提出安全要求，往往适用于设计阶段、实现阶段，适用于静态的网络。而通信网络中通常有大规模的设备及系统互联，通信网络之间也需要互联互通，通信业务具备全程全网的特点。面向复杂的大规模通信网络，难以用主要围绕网络设备的、静态的安全标准进行评测。同时，通信网络的网络安全水平更多取决于网络运行时的安全防护体系、技术手段、运营流程，而不仅仅取决于静态的设备安全水平。当前业界缺乏合适的面向动态运行的通信网络安全评测标准，难以准确衡量正在运行的通信网络的安全水平。

6. 安全能力的业务模式面临挑战

在通信网络发展的过程中，面对个人、企业、专网的不同通信需求，通信网络的服务提供模式逐渐从"一网提供所有业务"转化为"包含切片、专网等多种形式"，从而满足多样化的、不同场景下的通信需求。然而，面对不同通信场景下的不同安全需求，安全能力一直未能真正提供多样化的、不同等级的服务，安全能力的业务提供模式面临挑战。

7. 安全标准与安全运维实践匹配面临挑战

3GPP 等通信标准更加关注安全技术自身，网络实际组网安全、运维安全等往往取决于运营商自身的安全认知及安全防护水平。国际标准难以指导全球运营商建设安全的通信网络，标准与运维实践需要更加匹配。全球运营商均基于 3GPP 标准建设通信网络，但在实际运行中安全水平千差万别，安全水平低的通信网络甚至通过互联互通影响到其他通信网络的安全运行。当前很多安全标准往往是面向系统的，以系统不被攻陷为目标，而运维实践往往是面向业务的，以遭受攻击时业务不中断、业务持续运行为目标。在标准制定阶段也需要考虑网络运维实践的需求，基于"Security by design"原则将能够从源头上提升通信网络的安全水平。

7.2 安全发展趋势及展望

面向未来，移动通信网络将深度融合通信、AI、算力网络等学科技术，既会带来新的安全特性，也会带来新的安全风险。移动通信网络的安全保障体系也将从传统的 IT 安全、ICT 安全逐渐演变为 DOICT 安全，这也为未来移动通信网络的安全防护带来了更大的挑战。这需要网络安全防护在强调 IT 安全和 CT 安全协同的基础上，更加关注 OT 安全及 DT 安全。当前，IT 安全技术更成熟、系统更完善，未来移动通信网络要实现 IT 安全、CT 安全、DT 安全和 OT 安全并重，共同支撑网络健康稳定运行。特别是随着移动通信网络在千行百业的应用，网络安全防护水平会直接影响经济、社会甚至国家安全，移动通信网络安全理念也要从被动式安全合规转变为主动式积极防御，主动开展风险感知、事前实施安全防护，积极进行安全防御，从而在应对网络攻击时具备预测、承受、恢复和适应的能力。

面向未来，移动通信网络既要考虑安全技术，又要考虑安全运维；既要兼顾设计、实现阶段的安全需求，又要兼顾运维、工程阶段的安全要求；既要保障静态的设备安全，又要保障动态的网络运行安全；既要防范系统被攻陷，又要实现以业务为中心的韧性要求。总之，网络安全未来将向多维的、动态的、平衡的方向发展，满足网络、业务、用户的多样化安全需求。

面向未来，移动通信网络作为国家的关键信息基础设施将发挥越来越重要的作用。网络安全也将成为移动通信网络的关键能力和质量指标，成为衡量网络价值的重要锚点。同时，移动通信网络也将在国家网络空间安全中发挥基石作用，成为影响网络空间安全水平的重要的、基础的组成部分。此外，移动通信网络自身的安全能力、高可信的身份、健壮的认证能力等也会不断对外开放，在元宇宙、数字人、VR 应用中发挥重要作用，确保未来智慧社会的安全水平。总而言之，移动通信网络一代更比一代功能强大，一代更比一代安全，这是不变的趋势，网络安全也将一直是移动通信网络的基石，发挥着基础性的作用。

附录 A
国际组织定义的 5G 安全相关标准

A.1　3GPP

在 5G 基础共性方面，3GPP TS 33.501《5G 系统的安全架构和过程》、3GPP TR 33.841《256 位算法对 5G 的支持研究》、3GPP TR 33.834《长期密钥更新程序（LTKUP）的研究》三项基础共性类标准，分别对 5G 系统的安全架构和流程、256 位密钥长度和密码算法、长期密钥更新等进行了规定。

在应用与服务安全方面，3GPP 发布了 3GPP TS 33.535《在 5G 中基于 3GPP 凭证的应用程序的身份认证和密钥管理》，该标准以 5G 物联网场景下的应用层接入认证和安全通道建立为切入点，研究了利用 5G 网络安全凭证为上层应用提供认证和会话密钥管理功能的解决方案，针对 5G 在物联网、垂直行业、位置服务、车联网、超可靠低时延特性等方面的安全威胁及需求展开了研究，制定并评估了对应的解决方案。

在通信网络方面，3GPP TR 33.813《网络切片增强的安全性研究》针对 5G 网络设备的安全保障、5G 网络引入服务化接口安全、5G 网络中的伪基站安全、5G 切片安全等问题，研究了 5G 移动通信网络切片的安全增强技术，包括网络切片的安全特性、关键问题、安全需求及解决方案。

在 IT 化网络设施方面，3GPP TR 33.848《虚拟化对安全性的影响研究》分析了虚拟化对网络架构的影响、安全威胁和相应的安全需求。3GPP TR 33.818《虚拟化设备的关键资产、威胁及安全评估流程》针对虚拟化网络产品的安全保障方法展开了研究和分析。

3GPP 安全保障规范如表 A-1 所示。特别说明，为了防止笔者对国外标准或规范的翻译有些许偏差，附录 A 中表格里所列举的相关标准或规范均给出了英文原名，采用中文翻译在上，英文原名在下的形式。

附录 A　国际组织定义的 5G 安全相关标准

表 A-1　3GPP 安全保障规范

分类	标准号	名　称
网元	TS 33.511	5G 安全保障规范（SCAS）：5G 基站（gNodeB） 5G Security Assurance Specification (SCAS) for the next generation Node B (gNodeB) network product class
	TS 33.512	5G 安全保障规范（SCAS）：接入和移动管理功能（AMF） 5G Security Assurance Specification (SCAS); Access and Mobility Management Function (AMF)
	TS 33.513	5G 安全保障规范（SCAS）：用户平面功能（UPF） 5G Security Assurance Specification (SCAS); User Plane Function (UPF)
	TS 33.514	5G 安全保障规范（SCAS）：统一数据管理（UDM） 5G Security Assurance Specification (SCAS) for the Unified Data Management (UDM) network product class
	TS 33.515	5G 安全保障规范（SCAS）：会话管理功能（SMF） 5G Security Assurance Specification (SCAS) for the Session Management Function (SMF) network product class
	TS 33.516	5G 安全保障规范（SCAS）：鉴权服务功能（AUSF） 5G Security Assurance Specification (SCAS) for the Authentication Server Function (AUSF) network product class
	TS 33.517	5G 安全保障规范（SCAS）：安全边缘保护代理（SEPP） 5G Security Assurance Specification (SCAS) for the Security Edge Protection Proxy (SEPP) network product class
	TS 33.518	5G 安全保障规范（SCAS）：网络存储功能（NRF） 5G Security Assurance Specification (SCAS) for the Network Repository Function (NRF) network product class
	TS 33.519	5G 安全保障规范（SCAS）：网络开放功能（NEF） 5G Security Assurance Specification (SCAS) for the Network Exposure Function (NEF) network product class
	TS 33.520	5G 安全保障规范（SCAS）：非 3GPP 互通功能（N3IWF） Security Assurance Specification (SCAS) for Non-3GPP InterWorking Function (N3IWF)
	TS 33.521	5G 安全保障规范（SCAS）：网络数据分析功能（NWDAF） 5G Security Assurance Specification (SCAS);Network Data Analytics Function (NWDAF)

续表

分类	标准号	名 称
网元	TS 33.522	5G 安全保障规范（SCAS）：服务通信代理（SCP） 5G Security Assurance Specification (SCAS); Service Communication Proxy (SCP)
	TS 33.523	5G 安全保障规范（SCAS）：分拆 5G 基站（Split gNB） 5G Security Assurance Specification (SCAS); Split gNB product classes
	TS 33.526	5G 安全保障规范（SCAS）：管理功能（MnF） 5G Security Assurance Specification (SCAS) for the Management Function (MnF)
	TS 33.527	5G 安全保障规范（SCAS）：3GPP 虚拟化网络产品 5G Security Assurance Specification (SCAS) for 3GPP virtualized network products
	TS 33.528	5G 安全保障规范（SCAS）：策略控制功能（PCF） 5G Security Assurance Specification (SCAS) for Policy Control Function (PCF)
	TS 33.529	5G 安全保障规范（SCAS）：短消息服务功能（SMSF） 5G Security Assurance Specification (SCAS) for Short Message Service Function (SMSF)
通用	TR 33.916	3GPP 网络产品安全保障方法 Security Assurance Methodology (SECAM) for 3GPP network products
	TR 33.926	5G 安全保障规范（SCAS）：3GPP 网络产品威胁和重要资产 5G Security Assurance Specification (SCAS); threats and critical assets in 3GPP network product classes
	TR 33.927	5G 安全保障规范（SCAS）：3GPP 虚拟化网络产品威胁和重要资产 5G Security Assurance Specification (SCAS); threats and critical assets in 3GPP virtualized network product classes
	TS 33.117	通用安全要求和测试用例 Catalogue of general security assurance requirements
	TR 33.818	3GPP 虚拟化网络产品的安全保障方法和安全保障规范 Security Assurance Methodology (SECAM) and Security Assurance Specification (SCAS) for 3GPP virtualized network products

A.2 GSMA

GSMA 发布的 5G 安全相关文档如表 A-2 所示。

附录 A 国际组织定义的 5G 安全相关标准

表 A-2 GSMA 发布的 5G 安全相关文档

编号	标　题	摘　要	发布时间
FS.07	SS7 和 SIGTRAN 网络安全 SS7 and SIGTRAN Network Security	对 SS7 和 SIGTRAN 协议栈各层的安全性进行分析。识别和分析 SS7 和 SIGTRAN 的安全威胁及脆弱性，并提出最佳应对措施	2017.11
FS.11	互联安全监控与防火墙指南 Interconnect Security Monitoring and Firewall Guidelines	指导运营商监控 SS7 流量，包括制定防火墙规则和提升数据共享能力。提出如何监视互联链路上的 SS7 通信，应寻找何种异常，以及如何报告异常	2019.05
FS.13	网络设备安全保障方案（NESAS）：概述，V2.1 Network Equipment Security Assurance Scheme – Overview, V2.1	由 3GPP 和 GSMA 共同建立的网络设备安全保障方案（NESAS）提出的行业范围的安全保障框架，以促进整个移动通信行业安全水平的提高。NESAS 为安全产品开发和产品生命周期管理提供了安全要求和评估框架，并使用 3GPP 建立的安全测试用例对网络设备进行安全评估	2022.01
FS.14	网络设备安全保障方案（NESAS）：安全测试实验室鉴定，V2.1 Network Equipment Security Assurance Scheme – Security test laboratory accreditation, V2.1		
FS.15	网络设备安全保障方案（NESAS）：开发与生命周期评估方法论，V2.1 Network Equipment Security Assurance Scheme – Development and lifecycle assessment methodology, V2.1		
FS.16	网络设备安全保障方案（NESAS）：开发和生命周期安全要求，V2.1 Network Equipment Security Assurance Scheme –Development and lifecycle security requirements, V2.1		
FS.21	互联信令安全建议 Interconnect signalling security recommendations	介绍互联安全漏洞并建议移动通信网络运营商（MNO）响应，包括 SEPP 的实施建议	2022.05

续表

编号	标题	摘要	发布时间
FS.30	安全手册，V2.0 Security Manual, V2.0	可作为 GSMA 成员了解移动通信网络所面临的安全威胁的参考，这些威胁已被发现，可能会影响移动通信网络及其客户。介绍了相应的应对措施，以帮助 GSMA 成员应对风险。具体的欺诈攻击及应对措施可以在 FF.21 中找到	2021.06
FS.31	安全控制基线，V3.0 Baseline Security Controls, V3.0	概述了移动通信行业应考虑部署的一组特定安全控制方案。解决方案提出了允许运营商实现控制目标的具体建议。这些控制方案与当地市场立法和监管是相互独立的，但可能受到当地市场立法和监管的支持。它们不会取代或凌驾任何地区的地方性法规。其目的是提高移动通信行业内的安全级别	2023.09
FS.33	网络功能虚拟化威胁分析 Network functions virtualization threats analysis	介绍了 NFV 的一系列安全威胁，这是一项关键的 5G 支持技术，并提供了有关解决措施的指导	2020.03
FS.34	4G 和 5G 跨 PLMN 安全的密钥管理，V4.0 Key management for 4G and 5G inter-PLMN security, V4.0	介绍了互联各方交换用于保护 4G/5G 漫游证书和密钥材料的情况	2022.05
FS.35	安全算法实现路标，V1.0 Security algorithm implementation roadmap, V1.0	为最佳算法部署方案提供指导和建议，包括 5G 隐私和完整性，以及订阅永久标识符加密	2020.03
FS.36	5G 互联安全 5G interconnect security	概述了针对移动通信网络及其客户的潜在 5G 互联攻击及相关对策	2022.05
FS.37	GTP-U 安全 GTP-U security	为运营商提供建议，以检测和防止基于通用分组无线业务隧道协议（GTP-U）用户平面数据的攻击，指导如何部署安全功能，包括 5G 中 N3 接口和 N9 接口的使用	2021.06

续表

编号	标 题	摘 要	发布时间
FS.38	SIP 网络安全 SIP network security	概述了针对移动和固定移动融合（FMC）网络及其客户的基于会话发起协议（SIP）的潜在安全和欺诈攻击，并介绍应对这些攻击的对策	2021.04
FS.39	5G 欺诈风险指南 5G fraud risks guide	介绍了针对 5G 网络及其支持的服务的潜在攻击，并建议采取对策来减轻网络运营商及其客户面临的风险	2021.06
FS.40	5G 安全指南 5G security guide	概述了 5G 网络的安全方面和功能，并作为教育资源描述了 5G 技术固有的安全增强机制和功能	2021.10
FS.46	网络设备安全保障方案（NESAS）：审核指南 Network Equipment Security Assurance Scheme – Audit Guidelines	提供了有关如何准备和执行供应商开发及产品生命周期流程审核的指南、提示和信息	2023.09
FS.47	网络设备安全保障方案（NESAS）：产品和证据评价方法 Network Equipment Security Assurance Scheme – Product and Evidence Evaluation Methodology	介绍了如何在程序和操作层面进行 NESAS 产品评估和证据评估	2023.07
FS.50	网络设备安全保障方案（NESAS）：安全保障规范开发指南 Network Equipment Security Assurance Scheme – Security Assurance Specification Development Guidelines	介绍了 NESAS 将采用的安全保障规范（SCAS）的结构和内容	2023.07
IR.77	运营商间 IP 骨干网安全要求，适用于服务和运营商间 IP 骨干网的提供商，V5.0 Inter-operator IP backbone security req. for service and inter-operator IP backbone providers, V5.0	介绍了在 IPX 网络上实现足够高的安全级别的通用准则	2019.10
IR.82	SS7 安全网络实施指南 SS7 Security Network Implementation Guidelines	概述了一般的 SS7 安全措施（MAP 和 CAP 信令），包括特定的 SMS 安全措施，以及每种措施的可能实施点	2016.11

续表

编号	标 题	摘 要	发布时间
NG.113	5G 系统漫游指南，V5.0 5GS roaming guidelines, V5.0	为工程师和运营漫游团队提供有关 5G 漫游方面的指南	2021.12
NG.116	通用网络切片模板，V6.0 Generic network slice template, V6.0	提供了标准化属性列表，包括安全方面的内容、表征网络切片的类型	2021.11

A.3　ETSI

ETSI NFV SEC 安全研究清单如表 A-3 所示。

表 A-3　ETSI NFV SEC 安全研究清单

编　号	名　　称
SEC001	安全问题声明 Security Problem Statement
SEC002	对管理软件中的安全功能进行编目 Cataloguing security features in management software
SEC003	安全和信任指南 Security and Trust Guidance
SEC004	合法监听影响报告 Report on Lawful Interception Implications
SEC005	证书管理报告 Report on Certificate Management
SEC006	关于安全方面和监管问题的报告 Report on Security Aspects and Regulatory Concerns
SEC007	关于安全部署认证技术和实践的报告 Report on Attestation Technologies and Practices for Secure Deployments
SEC008	安全监控报告 Security Monitoring Report
SEC009	关于多层主机管理使用情况和技术方法的报告 Report on use cases and technical approaches for multi-layer host administration

续表

编号	名称
SEC010	关于保留数据问题说明和要求的报告 Report on Retained Data problem statement and requirements
SEC011	NFV 监听架构报告 Report on NFV LI Architecture
SEC012	执行敏感 NFV 组件的系统架构规范 System architecture specification for execution of sensitive NFV components
SEC013	安全管理与监控规范 Security Management and Monitoring specification
SEC014	MANO 组件安全规范参考点 Security Specification for MANO Components and Reference points
SEC015	其他 MANO 组件安全规范参考点 Security Specification for other MANO reference points
SEC016	关于 VNF 的位置和时间戳的报告 Report on location, timestamping of VNFs
SEC017	安全策略指南报告 Security Policy Guidelines Report
SEC018	NFV 远程证明架构报告 Report on NFV Remote Attestation Architecture
SEC019	NFV 安全增强的系统架构规范 System Architecture Specification for NFV Security Enhancements
SEC020	身份管理和安全规范 Identity Management and Security Specification
SEC021	VNF 包安全规范 VNF Package Security Specification
SEC022	API 访问的 Access Token 规范 Access Token Specification for API Access
SEC023	容器安全规范 Container Security Specification
SEC024	安全管理规范 Security Management Specification

续表

编号	名称
SEC025	安全的端到端网元和网络切片管理规范 Secure End-to-End VNF and NS management specification
SEC026	隔离和信任域规范 Isolation and trust domain specification

A.4　ITU-T

ITU-T 在 5G 网络安全领域的重点标准如下。更详细内容如表 A-4 所示。

- ITU-T X.1043《基于软件定义网络的服务功能链的安全框架和要求》和 ITU-T X.1046《软件定义网络/网络功能虚拟化网络中的软件定义安全框架》。其中 X.1043 对基于 SDN 的业务链安全、网元安全、接口安全、业务链策略管理及相关安全机制进行了规定，X.1046 提出了 SDN/NFV 网络的软件定义安全框架，并对框架中的组件功能、接口功能及流程等进行了规定，同时提出了部署实践参考意见。

- ITU-T X.5Gsec-guide《基于 ITU-T X.805 的 5G 通信系统安全导则》主要针对基于 ITU-T X.805 的 5G 通信系统展开安全研究，通过结合该系统在运用边缘计算、网络虚拟化、网络切片等技术时所产生的特点，研究其在 3GPP 网络架构和非 3GPP 网络架构下的安全威胁和安全能力。

- ITU-T X.5Gsec-ecs《5G 边缘计算服务的安全框架》根据 5G 边缘计算的部署方式及典型应用场景，分析 5G 边缘计算的安全威胁、安全需求，提出 5G 边缘计算服务安全框架。

- ITU-T X.5Gsec-t《5G 生态系统中基于信任关系的安全框架》研究 5G 生态系统中的信任关系和安全边界，制定 5G 生态系统的安全框架。

表 A-4　ITU-T 在 5G 网络安全领域的相关标准

分类	编号	名称
5G 安全	X.1121	移动端到端数据通信安全技术框架 Framework of security technologies for mobile end-to-end data communications
	X.1122	基于 PKI 的安全移动系统实施指南 Guideline for implementing secure mobile systems based on PKI
	X.1123	差异化的安全服务，实现安全的移动端到端数据通信 Differentiated security service for secure mobile end-to-end data communication
	X.1124	移动端到端数据通信认证架构 Authentication architecture for mobile end-to-end data communication
	X.1125	移动数据通信中的相关反应系统 Correlative Reacting System in mobile data communication
	X.1126	减轻移动网络中受感染终端的负面影响的指导原则 Guidelines on mitigating the negative effects of infected terminals in mobile networks
	X.1127	手机防盗措施的功能安全需求和架构 Functional security requirements and architecture for mobile phone anti-theft measures
	X.1147	移动互联网服务中大数据分析的安全要求和框架 Security requirements and framework for big data analytics in mobile internet services
	X.1811	在 IMT-2020 系统中应用量子安全算法的安全指南 Security guidelines for applying quantum-safe algorithms in IMT-2020 systems
	X.1812	IMT-2020 生态系统中基于可信关系的安全框架 Security framework based on trust relationship in IMT-2020 ecosystem
	X.1813	IMT-2020 专网中支持超可靠低时延通信（uRLLC）的垂直业务运营安全要求 Security requirements for operation of vertical services supporting ultra reliable and low latency communication (uRLLC) in IMT-2020 private networks
	X.1814	IMT-2020 通信系统安全指南 Security guideline for IMT-2020 communication system

续表

分类	编号	名称
	X.5Gsec-srocvs	IMT-2020 核心网支撑垂直业务的运行安全要求 Security Requirements for the Operation of IMT-2020 Core Network to Support Vertical Services
	X.5Gsec-ecs	5G 边缘计算服务的安全框架 Security framework for IMT-2020 edge computing services
	X.1817 (ex. X.5Gsec-message)	IMT-2020 报文服务的安全要求 Security Requirements for IMT-2020 message service
	X.5Gsec-netec	IMT-2020 边缘计算的网络层安全能力 Security capabilities of network layer for IMT-2020 edge computing
	X.1816(ex. X.5Gsec-ssl)	IMT-2020 网络切片安全能力分级指南 Guidelines for classifying security capabilities in IMT-2020 network slice
	X.1818 (ex. X.5Gsec-ctrl)	IMT-2020/5G 网络系统运行维护安全控制 Security controls for operation and maintenance of IMT-2020/5G network systems
	XSTP-5Gsec-RM	5G 安全标准化路标 5G Security Standardization Roadmap
SDN 安全	X.1038	软件定义网络的安全要求和参考架构 Security requirements and reference architecture for software-defined networking
	X.1041	VoLTE 网络运行安全框架 Security framework for voice-over-long-term-evolution (VoLTE) network operation
	X.1042	软件定义网络的安全服务 Security services using the Software-defined networking
	X.1043	基于软件定义网络的服务功能链的安全框架和要求 Security framework and requirements for service function chaining based on software-defined networking
	X.1045	面向网络和应用的安全服务链架构 Security service chain architecture for networks and applications

续表

分类	编号	名称
其他	X.1046	软件定义网络/网络功能虚拟化网络中的软件定义安全框架 Framework of software-defined security in software-defined networks/network functions virtualization networks
	X.1603	云计算监控服务数据安全要求 Data security requirements for the monitoring service of cloud computing
	X.1604	云计算中网络即服务（NaaS）的安全要求 Security requirements of network as a service (NaaS) in cloud computing
	X.1605	云计算中公共基础设施即服务（IaaS）的安全要求 Security requirements of public infrastructure as a service (IaaS) in cloud computing
	X.1606	通信即服务（CaaS）应用环境的安全要求 Security requirements for communication as a service (CaaS) application environments
	X.1631 | ISO/IEC 27017	信息技术，安全技术，基于 ISO/IEC 27002 的云服务信息安全控制实践规范 Information technology – Security techniques – Code of practice for information security controls based on ISO/IEC 27002 for cloud services
	X.1641	云服务客户数据安全指南 Guidelines for cloud service customer data security
	X.1642	云计算运营安全指南 Guidelines for the operational security of cloud computing
	X.1643	云计算环境中容器的安全指南 Security guidelines for container in cloud computing environment
	X.BaaS-sec	DLT 即服务（BaaS）安全指南 Guideline on DLT as a service (BaaS) security
	X.gecds	边缘计算数据安全指南 Guideline on edge computing data security
	X.nssa-cc	网络安全态势感知平台对云计算的要求 Requirements of network security situational awareness platform for cloud computing
	X.sgcnp	云原生 PaaS 安全指南 Security guidelines for cloud native PaaS

续表

分类	编号	名称
	X.sgdc	分布式云安全指南 Security guidelines for distributed cloud
	X.sgmc	多云安全指南 Security guidelines for multi-cloud
	X.sr-cphr	云化平台在低时延、高可靠应用场景下的安全要求 Security requirements of cloud-based platform under low latency and high reliability application scenarios
	X.soar-cc	云计算的安全编排、自动化和响应框架 Framework of Security Orchestration, Automation and Response for cloud computing
	X.1750	大数据服务提供商的大数据即服务（BDaaS）安全指南 Guidelines on security of big data as a service (BDaaS) for Big Data Service Providers
	X.1751	电信运营商大数据生命周期管理安全指南 Security guidelines on big data lifecycle management for telecommunication operators
	X.1752	大数据基础设施和平台安全指南 Security guidelines for big data infrastructure and platform
	X.gdsml	在大数据基础设施中使用机器学习的数据安全指南 Guidelines for data security using machine learning in big data infrastructure
	X.509	公钥和属性证书框架 Public-key and attribute certificate frameworks
	X.676	IoT 群组业务 OID 解析框架 OID-based resolution framework for IoT group services

A.5　ENISA

ENISA 发布的 5G 安全文档如表 A-5 所示。

表 A-5 ENISA 发布的 5G 安全文档

标　题	缩　写	摘　要	发布时间
软件定义网络/5G 的威胁态势和最佳实践指南 Threat landscape and good practice guide for software defined networks/5G	ENISA SDN	有助于定义威胁态势，概述了软件定义网络/第五代（SDN/5G）技术中的新兴威胁。由于 5G 是多种组网技术的统称，技术成熟度不一，因此本研究主要关注骨干网的运营技术，即 SDN。围绕这些核心技术，还讨论了 5G 的其他组成部分，包括无线接入和 NFV。然而，这些讨论是 5G 组件与 SDN 的关系范围内进行的	2015.12
虚拟化的安全考虑 Security aspects of virtualization	ENISA Virtual	概述了虚拟化环境的安全状态，为了解与虚拟化安全相关的问题和挑战提供了基础，并讨论了虚拟化环境中安全保护的最佳实践及实施安全的虚拟化环境所需弥补的差距	2017.02
电信 SS7/ diameter /5G 中的信令安全：欧盟层面现状评估 Signalling security in telecomSS7/diameter/5G–EU level assessment of the current situation	ENISA Signal	提供了对欧盟安全互联信号状态和整体风险水平、当前措施和未来行动的良好理解。提供能够解决问题的技术方案不是目的。然而，考虑到技术方面，依然在某些情况下提供了技术细节，以验证结论	2018.03
5G 网络的 ENISA 威胁态势：第五代移动通信网络（5G）的威胁评估 ENISA threat landscape for 5G networks – Threat assessment for the fifth generation of mobile telecommunications networks (5G)	ENISA Threat1	为未来的威胁和风险评估提供了基础，重点关注 5G 基础设施的特定用例或特定组件，这些评估可以根据各种 5G 利益相关方的需求进行	2019.11

续表

标　题	缩　写	摘　要	发布时间
5G 网络的 ENISA 威胁态势：第五代移动通信网络（5G）的威胁评估 ENISA threat landscape for 5G networks – Updated threat assessment for the fifth generation of mobile telecommunications networks (5G)	ENISA Threat2	对 2019 年第一版的重大更新。涵盖了所有新颖特性，追踪了 5G 架构的发展，并总结了标准化文档中的信息	2020.12
5G 对 EECC 安全措施指南的补充，第 2 版 5G supplement to the guideline on security measures under the EECC, 2nd edition	ENISA EECC	包含 5G 技术概况，补充了《欧洲电子通信法规》（EECC）的安全措施指南。5G 技术配置文件为国家主管部门提供了有关如何确保 5G 网络安全的额外指导。本文档是与欧盟国家电信安全机构的专家，即欧洲安全电子通信主管部门专家组（以前称为第 13a 条专家组）及 NIS CG 5G 网络安全工作流程组成员密切合作制定的	2021.07
5G 标准中的安全内容：3GPP 安全规范中的控制（5G SA） Security in 5G specifications – Controls in 3GPP security specifications (5G SA)	ENISA 3GPP	旨在帮助欧盟成员国实施 EU Toolbox 中的技术措施 TM02。旨在帮助国家主管部门和监管机构更好地了解与 5G 安全相关的标准化环境，并提高对 3GPP 安全规范及其主要元素和安全控制的理解。基于此，主管部门将能够更好地了解运营商必须实施的关键安全控制措施，以及这些控制措施在实现 5G 网络整体安全方面的作用	2021.02
ENISA 供应链攻击威胁全景图 ENISA threat landscape for supply chain attacks	ENISA Supply	旨在绘制和研究 2020 年 1 月至 2021 年 7 月初期间发现的供应链攻击问题	2021.07

续表

标　题	缩　写	摘　要	发布时间
5G 中的 NFV 安全：挑战和最佳实践 NFV security in 5G – Challenges and best practices	ENISA NFV	探讨了 5G 网络中关于 NFV 的相关挑战、漏洞和攻击。NFV 基于云计算的资源池和开放的网络架构，改变了网络安全环境。安全挑战分为七类进行识别和探索。本文档揭示了漏洞、攻击场景及其对 5GNFV 资产的影响。为了应对这些即将到来的挑战，提出了安全控制和最佳实践，同时考虑到高度复杂、异构、易变的环境的特殊性。特别地，在技术、政策和组织类别下确定了 55 个最佳实践案例	2022.02
5G 网络安全标准：支持网络安全政策的标准化要求分析 5G cybersecurity standards – Analysis of standardisation requirements in support of cybersecurity policy	ENISA Standards	概述了标准化对消减 5G 生态系统中安全风险的贡献，以及对信任和韧性的贡献。侧重于从技术和组织的角度讨论标准化问题	2022.03

A.6　NIST

NISA 发布的 5G 安全文档如表 A-6 所示。

表 A-6　NIST 发布的 5G 安全文档

标　题	缩　写	摘　要	发布日期
5G 网络安全：为 5G 的安全演进做准备 5G cybersecurity –Preparing a secure evolution to 5G	NIST SE5G	利用 3GPP 标准中定义的 5G 标准化安全功能，提供内置于网络设备和最终用户设备的增强网络安全功能。此外，旨在确定有效运营 5G 网络所需的底层技术和支持基础设施组件的安全特性	2020.04

续表

标　题	缩　写	摘　要	发布日期
NIST SP 1800-33A, 5G 网络安全（卷 A）：执行摘要（初稿） NIST SP 1800-33A, 5G cybersecurity –Volume A: Executive summary (preliminary draft)	NIST SP1800-33A	展示5G网络运营商和用户如何降低5G网络安全风险。这是通过提升系统架构组件能力、提供基于云的安全基础设施，以及在 5G 标准中引入安全防护功能来实现的。这些措施支持常见的使用场景，并能满足行业相关部门推荐的网络安全实践要求和合规性要求	2021.02
NIST SP 1800-33B, 5G 网络安全（卷 B）：方法、架构和安全特征 NIST SP 1800-33B, 5G cybersecurity –Volume B: Approach, architecture, and security characteristics	NIST SP1800-33B		2022.04

附录 B
国内组织定义的 5G 安全相关标准

B.1 等级保护

根据网络安全等级保护条例制定的等级保护 2.0 标准的主要标准如表 B-1 所示。

表 B-1 等级保护 2.0 标准的主要标准

标准号	名 称
GB 17859-1999	计算机信息系统安全保护等级划分准则
GB/T 25058-2020	信息安全技术 网络安全等级保护实施指南
GB/T 22240-2020	信息安全技术 网络安全等级保护定级指南
GB/T 22239-2019	信息安全技术 网络安全等级保护基本要求
GB/T 25070-2019	信息安全技术 网络安全等级保护设计技术要求
GB/T 28448-2019	信息安全技术 网络安全等级保护测评要求
GB/T 28449-2018	信息安全技术 网络安全等级保护测评过程指南

电信主管部门依法履行行业网络安全监管责任，工业和信息化部网络安全管理局负责对全国通信网络安全防护工作进行统一指导、协调和检查，组织建立健全行业网络安全防护体系；地方通信管理局对本行政区域内的通信网络安全防护工作进行指导、协调和检查；专业机构为监管部门提供重要的支撑服务。

行业统筹推进相关法律、制度、标准、技术建设，明确信息通信网络安全防护要求，重点开展安全防护、态势感知、应急处置工作，构建覆盖网络安全事前、事中、事后全环节的闭环体系。

工业和信息化部切实履行行业网络安全监督管理职责，陆续出台了《通信网络安全防护管理办法》等多项部门规章制度，发布了《公共互联网网络安全威胁监测与处置办法》《公共互联网网络安全突发事件应急预案》等近 20 个规范性文件，颁布实施了 300 余项网络与信息安全标准（其中包括 70 余项电信网和互联网安全防护系列标准）。

工业和信息化部印发《通信网络安全防护管理办法》，为行业网络安全防护提出了总体要求，旨在加强对通信网络安全的管理，提高通信网络安全防护能力，保障通信网络安全畅通。行业建立完善电信网和互联网网络安全防护标准体系，系统化、体系化地指导落实《通信网络安全防护管理办法》的相关要求，为网络安全防护工作的开展提供依据和支撑。

B.2 关键信息基础设施防护

关键信息基础设施的安全一直是我国重点关注的，也是网络安全市场的重要组成部分。近年来，我国陆续出台多部关键信息基础设施保护标准（见表 B-2），进一步细化、落实了各项政策和要求。

表 B-2 关键信息基础设施保护标准

标准名称（中文）	立项年份	所处阶段
信息安全技术 关键信息基础设施网络安全应急体系框架	2020	征求意见稿阶段
信息安全技术 关键信息基础设施边界确定方法	2020	征求意见稿阶段
信息安全技术 关键信息基础设施安全检查评估指南	2017	报批稿阶段
信息安全技术 关键信息基础设施安全保障指标体系	2017	报批稿阶段
信息安全技术 关键信息基础设施安全保护要求	2018	已发布阶段
信息安全技术 关键信息基础设施信息技术产品供应链安全要求	2020	报批稿阶段
信息安全技术 关键信息基础设施安全防护能力评价方法	2020	征求意见稿阶段
信息安全技术 关键信息基础设施安全控制措施	2018	送审稿阶段

B.3 信息系统密码应用基本要求

CSTC 在国家密码管理局的指导下制定并发布了推荐性国标 GB/T 39786-2021《信息安全技术 信息系统密码应用基本要求》。

在该国标体系下，中国信息通信研究院（信通院）和中国工业互联网研究院（工联院）进行相关标准研究与制定。

信通院和工联院依托各自标准出口单位，在《5G 移动通信网商用密码应用关键技术研究》《5G 移动通信网密码应用防护要求》《5G 专网商用密码应用技术指南》《移动通信网云资源池密码应用技术要求》《移动通信网量子安全密码算法应用》《5G 核心网网管系统密码应用基本要求》等领域开展通信网络商用密码应用标准研究。

目前密码模块测评要求较为明确,但电信领域系统密评方法尚在探索阶段。

B.4　TC485 和 CCSA 发布的 5G 安全相关标准

1. TC485 推荐性国家标准

目前,TC485 正在推进关于 5G 网络相关标准的研究,在研标准主要涵盖基础共性、通信网络安全等方面。

TC485 在研标准《5G 移动通信网安全技术要求》(YD/T 3628-2019)主要围绕 5G 移动通信网中的通信安全总体技术要求展开研究,为运营商和监管机构在 5G 安全方面开展工作提供技术参考。

TC485 在研标准《5G 移动通信网络设备安全保障要求 核心网网络功能》(YD/T 4204-2023)、《5G 移动通信网络设备安全保障要求 基站设备》主要围绕 5G 设备安全,从核心网网络功能、基站设备等方面对 5G 移动通信网络设备安全保障提出要求。

YD/T 3628-2019《5G 移动通信网安全技术要求》未更新,目前正围绕对应国标进行更新和意见征求。

2. CCSA 行业标准

CCSA 已发布的 5G 网络安全相关行业标准主要聚焦在基础共性、IT 化网络设施安全、通信网络安全、应用与服务安全、数据安全、安全运营管理等方面。CCSA 在 5G 网络安全领域的重点标准如下。

在基础共性方面,YD/T 3628-2019《5G 移动通信网安全技术要求》明确了对 5G SA 网络和 NSA 网络的基本安全要求,包括 5G 网络安全架构、安全需求、安全功能实现等。在研标准《5G 网络中的 IPSec 需求和方案研究》主要围绕 5G 网络中的 IPSec 需求和方案开展研究。在 IT 化网络设施安全方面,在研标准《网络功能虚拟化(NFV)安全技术要求》主要聚焦于 NFV 安全技术要求。在通信网络安全方面,在研标准涵盖了 5G 边缘计算安全、5G 移动通信网络设备安全、5G 网络组网安全等领域。在应用与服务安全方面,在研标准《5G 业务安全通用防护要求》《互联网新技术新业务安全评估要求基于 5G 场景的业务》分别提出 5G 业务安全通用防护和互联网新技术、新业务安全评估要求。在数据安全方面，在研标准《5G 数据安全总体技术要求》从 5G 业务应用、5G 终端设备、5G 无线接入、5G 核心网等方面规定了 5G 数据安全的总体技术要求。在安全运营管理方面，在研标准《5G 移动通信网通信管制技术要求》主要关注 5G 移动通信网通信管制技术要求。

CCSA 制定的部分 5G 安全标准如表 B-3 所示。

表 B-3　CCSA 制定的部分 5G 安全标准

行标/项目编号	名　称
YD/T 1728-2008	电信网和互联网安全防护管理指南
YD/T 1729-2008	电信网和互联网安全等级保护实施指南
YD/T 1730-2008	电信网和互联网安全风险评估实施指南
YD/T 1731-2008	电信网和互联网灾难备份及恢复实施指南
YD/T 1734-2009(2017)	移动通信网安全防护要求
YD/T 1735-2009(2017)	移动通信网安全防护检测要求
YD/T 1748-2008(2017)	信令网安全防护要求
YD/T 1749-2008(2017)	信令网安全防护检测要求
2020-0522T-YD	5G 移动通信网络切片安全技术要求
2023-0099T-YD	5G 核心网异网漫游安全防护及检测要求
2023-0100T-YD	5G 异网漫游 安全边缘保护代理设备测试方法
2023-0101T-YD	5G 异网漫游 安全边缘保护代理设备技术要求
YD/T 3489-2019	SDN 网络安全能力要求
YD/T 3490-2019	SDN 网络安全能力检测要求
2020-0522T-YD	5G 移动通信网络切片安全技术要求
2020-0003T-YD	网络功能虚拟化（NFV）安全技术要求

B.5　TC260 发布的 5G 安全相关标准

在基础共性方面，GB/T 22239-2019《信息安全技术 网络安全等级保护基本要求》规定了第一级到第四级保护对象的安全保护通用要求和扩展要求，用于指导网络运营商按照网络安全等级保护制度的要求履行网络安全保护义务。

在 IT 化网络设施安全方面，TC260 的已发布标准主要聚焦于云平台安全，GB/T 31167-2014《信息安全技术 云计算服务安全指南》、GB/T 35279-2017《信息安全技术 云计算安全参考架构》、GB/T 34942-2017《信息安全技术 云计算服务安全能力评估方法》、GB/T 31168-2023《信息安全技术 云计算服务安全能力要求》提出了针对云平台服务的安全指南、安全参考架构、安全能力评估方法和安全能力要求。

在网络安全方面，《信息安全技术 边缘计算安全技术要求》分析了因云边协同控制、计算存储托管、边缘能力开放等而被引入边缘计算系统的安全风险，提出了边缘计算安全参考模型，并从应用安全、网络安全、数据安全、基础设施安全、物理环境安全、运维安全、安全管理等方面提出了边缘计算的安全技术要求。该标准可用于指导边缘计算，提升边缘基础设施在研发、测试、生产、运营过程中应对各种安全威胁的能力。

在应用与服务安全方面，GB/T 37971-2019《信息安全技术 智慧城市安全体系框架》、GB/Z 38649-2020《信息安全技术 智慧城市建设信息安全保障指南》从安全角色和安全要素的视角提出了智慧城市安全体系框架，为智慧城市建设全过程的信息安全保障机制与技术方案提供指导。此外，TC260 正在开展新业务应用领域安全标准研制，涉及的领域涵盖物联网、车联网（智能网联汽车）等。

在数据安全方面，TC260 发布了 GB/T 37988-2019《信息安全技术 数据安全能力成熟度模型》、GB/T 35273-2020《信息安全技术 个人信息安全规范》、GB/T 34978-2017《信息安全技术 移动智能终端个人信息保护技术要求》等相关标准，用于指导数据保护和个人信息保护工作。

在安全运营管理方面，GB/T 25068.1-2012《信息技术 安全技术 IT 网络安全第 1 部分：网络安全管理》、GB/T 20985.1-2017《信息技术 安全技术 信息安全事件管理第 1 部分：事件管理原理》、GB/T 36958-2018《信息安全技术 网络安全等级保护安全管理中心技术要求》、GB/T 38561-2020《信息安全技术 网络安全管理支撑系统技术要求》、GB/T 24363-2009《信息安全技术 信息安全应急响应计划规范》、GB/T 36637-2018《信息安全技术 ICT 供应链安全风险管理指南》等标准提出了网络安全管理、信息安全事件管理、应急响应计划和 ICT 供应链安全风险管理等方面的要求。